U0271895

农民教育培训·水产业兴旺

水产

高效生态养殖技术

王秀青　梁耀群　马　光 ◎ 主编

中国农业科学技术出版社

图书在版编目（CIP）数据

水产高效生态养殖技术／王秀青，梁耀群，马光主编 . —北京：中国农业科学技术出版社，2019. 9

ISBN 978-7-5116-4383-4

Ⅰ . ①水… Ⅱ . ①王… ②梁… ③马… Ⅲ . ①水产养殖 Ⅳ . ①S96

中国版本图书馆 CIP 数据核字（2019）第 195276 号

| 责任编辑 | 崔改泵 |
| 责任校对 | 贾海霞 |

出 版 者	中国农业科学技术出版社
	北京市中关村南大街 12 号　邮编：100081
电　　话	（010）82109194（编辑室）　（010）82109702（发行部）
	（010）82109709（读者服务部）
传　　真	（010）82106650
网　　址	http://www.castp.cn
经 销 者	各地新华书店
印 刷 者	北京建宏印刷有限公司
开　　本	880mm×1 230mm　1/32
印　　张	5. 125
字　　数	129 千字
版　　次	2019 年 9 月第 1 版　2020 年 8 月第 2 次印刷
定　　价	30. 00 元

《水产高效生态养殖技术》
编 委 会

前　言

　　我国作为水产品生产、贸易和消费大国，水产品产量居世界首位，且是世界上唯一一个水产养殖产量超过捕捞产量的国家。随着渔业的快速发展，越来越多的人开始关注淡水养殖。从最开始的普通池塘养殖到现在的多元化养殖模式，河渠水库、稻田、家庭庭院水池、工厂化养殖等方式被广泛运用。

　　本书主要讲述淡水经济植物套养水产经济动物，稻田生态养殖水产经济动物，池塘、稻田混养和联养经济动物，水产品保鲜加工技术等方面内容。

　　由于编者水平所限，加之时间仓促，书中错漏之处在所难免，恳切希望广大读者和同行不吝指正。

编　者

目　　录

第一章　淡水经济植物套养水产经济动物

第一节　莲藕田种植荸荠套养泥鳅、冬种油菜

莲藕，亦称荷，在植物分类学上属于睡莲科、莲藕属的多年生宿根水生草本植物。莲藕除用浅水沤田栽培外，尚可利用湖荡、池塘、沼泽等水面栽植，莲藕的根、节、叶及莲子有很高经济价值。地下茎叫藕，供人们食用。利用水田春种莲藕，秋植荸荠套养泥鳅，冬栽油菜，采用1年4熟栽培的生态种养生产模式，可以促进莲藕、荸荠、泥鳅和油菜提高产量，增加综合效益。

一、田块选择与设施

套养泥鳅的莲藕田应选择水源充足，水质良好，无污染，排灌方便，阳光充足，保水性强，能保肥、保水的田块，沿田埂四周挖好养泥鳅沟，沟宽、深各1米左右。田埂加高至0.8米，夯实，在田块两端的适当位置分别安装好进水口和出水口，水管靠近田块的一端要用40目纱网设置好栅栏，用于滤水和防止泥鳅逃跑。

二、生态种养

3月中旬利用冬闲田培育莲藕种苗，每亩（1亩≈667平方米。全书同）大田用种量180千克左右，清明节后至4月中

旬莲藕栽植，栽培品种为'长三节''小粗脖子'等优良藕用品种；普通田于 4 月栽植，每亩用种 175 千克左右。8 月上旬收藕让茬，粗整后即移栽荸荠，株距 50 厘米，行距 80 厘米，每亩植 1 800 株左右。泥鳅生长水温 15~30℃，25~27℃摄食最旺盛，15℃以下和 30℃以上摄食减少。移栽荸荠同时套养规格为体长 3~5 厘米的泥鳅苗约 40 千克/亩。11 月底翻泥收获荸荠，将泥鳅诱至沟内囤养至元旦、春节上市。随后整地做畦移栽油菜，畦宽不超过 3 米，行距 40 厘米，株距 20 厘米。油菜移栽前必须提前 30 天育苗。4 月上旬收获油菜。

三、施肥

莲藕田要求施足基肥并视苗情长势适时适量追肥。收藕后结合粗整田，每亩施腐熟猪牛粪等农家肥 1 500 千克、尿素 20 千克、复合肥 30 千克作荸荠基肥。立秋后每亩施草木灰 150 千克，以利荸荠形成球茎。白露前追施球茎膨大肥，每亩施尿素 10 千克。油菜一般不需要施基肥。

四、调控水质

莲藕生长期田间水分先由浅到深，再由深到浅。荸荠田套养泥鳅后，从 8 月中下旬开始每隔 10 天左右换水 1 次，每次换水 10 厘米，保持田间水深 15 厘米左右。天气转凉后逐渐降低水位，9 月中旬至 10 月底，保持水深 7~10 厘米。11 月上旬开始逐渐排水，保持田间湿润即可。

五、泥鳅饲养管理

泥鳅苗投放后，投喂以米糠、玉米粉等植物性为主的饲料和经过发酵腐熟的猪、牛、鸡粪等农家肥料。日投饵量，在水温 25~27℃泥鳅食欲旺盛时，为全田泥鳅体重的 10%；在水温

15~24℃时，为全田泥鳅体重的 4%~8%。水温下降后，饲料应减量，应以蚕蛹粉、猪血粉等动物性饲料为主，要求当天投喂当天吃完。水温低于 5℃ 或高于 30℃ 时，应少喂甚至停喂饲料。

六、泥鳅及作物病虫防治

田间杂草用人工拔除，不要使用除草剂。8 月底至 10 月底，做好泥鳅病害防治工作。一般每隔 15 天每亩用食盐 4 千克化水后全田泼洒 1 次，改良水质；每隔 10 天左右，每亩用强氯精 70 克或漂白粉 100 克，或用生石灰 15 千克化水全田泼洒消毒 1 次，交替使用效果更佳。发现病害苗头要及时防治，药物拌匀于饲料中投喂，防止病虫对泥鳅的危害。莲藕、荸荠的病虫害防治，一定要使用对泥鳅无害的高效低毒农药。如莲藕发生枯萎病、叶斑病、褐斑病，用高效低毒农药，农用链霉素+多菌灵+百菌清进行防治，严格按照说明用量施用，施药前加深田水 10 厘米，应在下午无露时采用喷雾法施药。

七、采收莲藕、荸荠与捕捞泥鳅

8 月上旬田中春荷藕成熟、挖取后及时种植荸荠，并套养泥鳅。11 月采收荸荠，采挖过早，荸荠球茎未充分成熟，产量低，且球茎内水多不甜，不易贮存；荸荠采收迟则营养消耗多，淀粉含量少，造成肉质乏味。故要适时采收荸荠同时捕捞泥鳅。

第二节　水芹田套养鲫鱼

水芹别名楚葵，在植物分类学上属于伞形科、水芹属的多年生宿根草本植物，为营养丰富的高产淡水水生蔬菜。除作蔬菜食用外，还是一种药材，具有养精、益气、清洁血液、降低血压等功效。我国长江流域以南各地利用夏闲水芹田饲养鲫鱼，鲫鱼在水芹田中可摄食浮游生物、水蚯蚓、水生昆虫、底栖生物、水芹害虫及其他昆虫等天然饵料。鱼的游动和鱼的粪便肥田利于水芹生长发育，可以提高水芹产量，从而获得较大的经济效益和生态效益。

一、水芹田选择与设施

养殖鲫鱼的水田应选择水源充足、排灌方便、保水保肥能力强，且不易受洪水冲击的田块。养鱼水面必须保水、保肥，所以水芹田养鱼必须清整，包括维修田埂和平整田面，保证正常蓄水 1.0~1.2 米、底面平坦，以利于饲养管理。

二、放养鱼种前的准备

放养鱼种前，为了防病和消灭天敌动物，应用生石灰消毒。尽量排干积水，每亩用 60~70 千克生石灰化水后，趁热全池均匀泼洒，消毒 2 天以后即可注水，可先注水 80~100 厘米深。随后施入基肥，每亩可施用禽粪 150~300 千克。

三、放种养鱼

水芹田放养鱼种的时间以 3 月底之前放养结束为好。由于水芹田水浅、土肥、养鱼期短、底栖生物丰富，因而放养鱼种应稀放、早放，并以肥水鱼和杂食鱼为食，条件允许时尽量投放规格较大的鱼种，或放养速生品。一般每亩可放养尾重 25~50 克的异育银鲫 270~400 尾。同时放养尾重 200~300 克的鲢鱼 65~100 尾，尾重 200~300 克的鳙鱼 15~20 尾，尾重 100~200 克的鲤鱼 50~80 尾。

四、鲫鱼饲养管理

1. 投饲与施肥

夏闲水芹田放养鲫鱼如果水质较清瘦、饵料生物少，夏闲水芹田应加强投饲施肥工作才能提高产量，鲫鱼养殖期间水温在 10℃以上的阴、晴天需要坚持投饲，饲料投喂量以每天食有剩余为度，一般为吃食鱼总量的 1%，投饲应定点定时、质优量适，做到每天上午 9~10 时、下午 3~4 时，在定点的岸边浅水区投喂，数量以投喂后 2~3 小时内吃完为宜，饲料应新鲜且营养丰富，菜饼和颗粒饲料都能投喂。开食可在清明左右，4 月可 1~2 天投喂 1 次，5 月以后每天正常投喂。追肥应根据情况灵活掌握，天气好、水色淡、鱼活泼可多施勤施，反之则少施或不施。一般 7~10 天追肥 1 次，每亩追施 100~150千克。

2. 调控水位

根据天气、气温等情况，适当提高或降低水位，以利于鱼类摄食、活动和休息。因此要经常巡查水色、水位和鱼的活动情况，勤捞除残渣和其他腐败物质，适时加注新水，保持一定水位。一般每隔 15~20 天加水 1 次，每次加水 5~7 厘米。同时勤巡田检查拦鱼设施。

五、鲫鱼病害防治

预防鱼病每隔 15~20 天用生石灰消毒 1 次，每亩用量为15 千克，化水后全池泼洒。早上巡塘发现病鱼体色发黑或部分体表发白，失去活泼的游动能力，多在田边浮在水面缓缓独游，此类病常为肠炎、出血或烂鳃病。如果鱼沿田边狂游打圈多为车轮虫病或因食饵不足引起的萎瘪病、跑马病等。有的鲫鱼拥挤成团或浮在水面游动显得不安，时而上跳下蹿、时而间断狂游等现象多为水质有毒引起的或由鳋、中华鳋侵袭所致。常用消毒鱼体药物有漂白粉、硫酸铜、高锰酸钾、孔雀石绿、食盐、敌百虫等。其药物的用量为：在每立方米水中放漂白粉10克、硫酸铜8克（漂白粉和硫酸铜混合使用分别为10克和8克），高锰酸钾10~20克，敌百虫10~20克，这些药物对鱼体皮肤和鳃上的细菌和寄生虫等都有杀灭的作用。此外，还应防止鼠、鸟、鸭等天敌动物的危害。

六、捕鱼与水芹采收

水芹田养鱼每亩产量可高达200千克以上，可一次起捕，也可两次起捕。两次起捕为7月上中旬起捕1次，选大的上市，以利于小规格鱼的生长，8月底干池起捕，全部上市。

水芹植株一般长到50~70厘米即可采收。采收水芹时间因品种、栽培时间、栽培方法及地区不同而不同。如长江中下游地区立秋时经催芽后排种的早水芹霜降即可采收，但产量较低。水芹如果在处暑前后排种的，"小雪"时开始采收其产量较高；在白露前后排种晚熟品种的晚水芹虽可在"小雪"时开始采收，但其生长时间短、产最低。在长江中下游地区深水里的水芹从冬季一直采收到翌年清明前。采收水芹应选择晴天进行，如遇天寒阴冷、冰冻不宜采收，应在解冻后采收，以免损坏植株顶部嫩梢而影响产量和质量，水芹采收后应及时整理茎上须根，再逐株除去下部黄叶和过多叶及水芹植株上牵挂的水中杂物，大小分开扎成束随即供应市场。也可加工整理成软化后的纯白头，即长15~20厘米的白头芹菜，或整理成青头、白头长度约各占一半，除去叶片扎成束的带青水芹菜。

为了选留水芹良种，需要建立种子田进行繁殖。留种田应选在靠近水源、排灌方便、肥力适中的水田。栽植前要耕翻，适施基肥（肥田可不施基肥）。留种田的植株选择要求在上一年冬季进行，选择植株具有原品种的特性，生长健壮，生长高度中等，茎秆粗壮，节瘤较短分株集中的成片选留。

留种田一般在初冬或早春3月上中旬栽植种株，每平方米留种田约可供大田10平方米栽植之用。留种田的种株栽植前将选好的种株拔起重新栽植，一般采用冬前栽植为好。长江中下游地区多在冬季小雪期间选择晴暖天气从留种田选拔植株，以3~4株为1簇，整齐栽插，冬季栽植株行距为8~12厘米。栽后应保持水位3~6厘米，封冻前还要加深水位，使叶尖露出水面，这样可以保温防冻。如果在翌年春分清明期间栽植天气较暖，水位可以浅些，夏季水位一般保持在3~6厘米，应经常换水，以防腐烂或发棵较小。

留种田必须加强田间管理，如植株生长细瘦、发棵不旺、叶片直立、心叶和全株发红，则为缺肥现象，必须及时加肥。一般种株在清明、小满期间应看苗追施腐熟粪肥1~2次。在清明、立夏季节要除草2~3次。谷雨前后植株长到30厘米左右时，应结合除草，清除一部分过密分株，疏去部分细弱分株，促进通风透光。生长过密还可割去顶梢，抑制其生长。芒种以后植株生长高度达到1米以上，顶端抽薹开花，茎秆老熟，叶片枯黄，节上都生小芽。

第三节　莲藕田套养鱼、虾、蛙

利用莲藕田套养鱼、虾、蛙，是把植藕同养鱼虾结合互利的一种生态农业生产方式。不仅可增加商品鱼、虾、蛙的产量，并且养鱼、虾、蛙也有利于莲藕的生长，可提高莲藕田的经济效益和生态效益。

一、莲藕田套养鲤鱼、鲫鱼

（一）莲藕田的选择与设施

莲藕塘、田或原用于养鱼的水面等凡能保水都可用于鱼—藕结合生产。水面大小不限，水深从 5 厘米到 2 米均可，池底若有丰富有机质最好，利用老鱼池，池底沉积的淤泥在 30 厘米以上，开发鱼—藕综合生产效益极佳。莲藕田养鱼设施主要是开挖田沟与田池（坑、溜），以每亩产鲜鱼 50～100 千克为例，选择进水处田角和中央开挖深 1 米、底面积 3.2 平方米的田池 1 个，面积每增加 1 亩挖 1 个。莲藕田通池开挖深 30～40 厘米、宽 50～60 厘米的"十""井""回"字形田沟。总之，田水与沟池水相通，在田块相对角开挖的进出水口处安装拦鱼设施。拦鱼设施主要用铁丝网或聚乙烯网等，制成弧形拦鱼栅，防暴雨时倒塌，拦鱼栅宽度大于进出水口处，高度高于田埂 30 厘米以上，下端插入田内 16 厘米，防鱼外逃。拦鱼栅呈弧形朝田内安置。此外，还要加固田埂，开挖地沟，加高加宽田埂，使田埂高出田面 40～50 厘米，埂宽 30 厘米，并夯结实，确保不塌不漏。但要注意鱼塘不宜栽荷藕。因为其荷叶大，遮挡阳光，同时吸收水体营养，影响鱼类饵料生物的生长繁殖，导致鱼食减少、产量降低，荷藕茎上有小刺，鱼体与藕茎摩擦，使鳞片脱落，鱼体皮肤受损，细菌、寄生虫乘机侵入鱼体，使鱼患赤皮病等严重病害。如果在高温季节荷藕茎叶沉入水中腐烂，致使水质变坏，容易引起鱼、虾、蛙等死亡。

（二）施肥

莲藕喜肥水，莲藕田施肥要协调兼顾莲和鱼的需要，在鱼类安全浓度下合理施用肥料。鱼种放养前，莲藕田的基肥用量每亩水面施 100～160 千克发酵过的畜禽粪肥。施肥时应掌握气温变化，气温高时多施，气温低时少施。

（三）选择藕种，适时栽培

选择藕身粗壮、整齐匀称、藕节较细、两节连在一起、子莲多须并向一侧生长的种藕。断藕、损坏的藕容易腐烂影响发芽，不能选作种用，种藕至少要求两节完整。藕挖出后要立即栽种，如果藕种运输路程较远，要在藕种上洒些水并覆盖，不要让藕芽干枯、萎缩。秋天莲藕若选留作种用，应在翌年春季挖掘，一般每亩需要 200~250 千克藕种。

每年 3—4 月（长江流域种植莲藕最适宜季节在清明和立秋之间），栽插前整好田，每亩田用 250 千克生石灰全田消毒，并施足基肥。一般栽藕前 15 天采用大草在池底沤制泥肥，每亩需用大草 1 000~1 500 千克，把大草均匀平整地铺在池泥中，加水约 6 厘米深使大草腐烂或每亩施发酵猪牛粪肥3 000 千克左右，过磷酸钙 50 千克加适量的碳铵作面肥，待寒潮过后天气晴暖、温度达到 20℃以上即可移栽莲藕。栽插时呈"品"字形，温暖时浅插，气温低时稍深。每亩栽插 100株左右（每株至少要有 3 个顶芽），株行距视土壤肥力状况及施肥水平而定，一般为 2 米×2 米或 2.5 米×2.5 米。

（四）鲤鱼、鲫鱼种放养

鱼种放养时间要在水温 20℃以上莲藕芽露出水面时为好，一般多在 3~4 月莲藕移栽 7 天后投放鱼种。为保护刚出生的藕芽不被啃食，莲藕田一般不投放草食性鱼。其放养品种以鲤鱼、鲫鱼和罗非鱼为主，搭配放养鲢鱼、鳙鱼。主养鲤鱼、鲫鱼的藕池，每亩放 9~10 厘米的鲤鱼种 200 尾左右，放养规格30~50 克，1 龄鲫鱼 300~400 尾搭配尾重 50 克以上的花白鲢鱼 40~50 尾，搭配鳙鱼种 50~100 尾。主养罗非鱼的藕池，每亩可放养 5 厘米左右鱼种 200~250 尾。加喂精粗饵料，当年一般都可能长成商品鱼规格。另外，莲藕田放鱼前需要清田消毒，培好水质，并对鱼体消毒后下田放养。

（五）饲养管理

1. 调控水质

藕种下池直到收获前应适时调节水位，大致每隔 10 天加水 1 次。莲藕栽植初时为了提高地温促进发芽，田面水位宜浅，浮叶出现后上升水位保持水深 10 厘米；立夏过后气温升高，水温也高，水位加深到 20~35 厘米，促莲开花，此时鱼随着长大，因此需扩大水域，以增加鱼的活动范围；小暑至立秋期间应将水位加深到 30 厘米以上，有利于鱼和莲藕的生长。莲藕生长期应注意防涝，避免田水淹没荷叶时间过长使植株死亡。

2. 投饵

莲藕田养鱼的天然饵料毕竟是有一定限度的，为促使鱼类生长，提高单位面积的产量，在养殖过程中，还需要进行人工投饲，以补充天然饵料的不足。在莲藕萌芽发育阶段，水温不高，鱼种集中活动于鱼沟中，此时应投喂精粗饲料，如豆饼、菜饼、麦麸、米糠等，也可投入颗粒配合饲料等。待鱼开始活动于莲藕田后，可结合追、施藕肥，在鱼溜中搭好饵料台，按鱼的数量、品种、规格，定时、定点、定质、定量投饵。春季每天投喂 1 次，夏秋季每天投喂 2 次。一般上午投喂青饲料，下午投喂粗、青、精饲料，合理搭配。后期以精饲料为主，一般日投喂量为鱼体重的 2%~4%。给鱼投喂量的多少应根据池中天然饵料的多少、放养鱼种数量、品种的密度而定。如果莲藕田土质贫瘠，生物饵料少，而放养的鲤、鲫、鳊、鲂、草鱼等吃食性鱼类数量较多，7—8 月是鱼类摄食高峰，总投饵料量需要多些；反之就少投或不投。在整个养殖过程中，投饵料量应随着鱼类生长和水温的提高而相应增加。9 月上旬以后投喂量逐渐减少。一般在鱼种阶段日投饵量为鱼体重的 7%~10%，后期为 3%~5%。水花培育夏花鱼苗约 25 天，每天每亩用发酵猪、牛粪 7~15 千克和少量豆浆。夏花培育春片每亩需青草 300 千克，农家饲料 60 千克及少量商品饲料。培育大规格鱼种主要靠莲藕田内繁殖绿萍、莎草、陆生杂草和其他水生生物，再搭配少量商品饲料，最好使用颗粒饲料喂鱼。

（六）藕、鱼病虫害防治

莲藕主要发生枯萎病、叶斑病，为减少对鱼造成危害，莲藕田中用药应选用高效、低毒、低残留、广谱性农药，常用链霉素+多菌灵+百菌清进行防治。按照药物使用说明书施用，确保鱼类安全。施药前要加深田水 10 厘米，采用喷雾法施药。莲藕在夏季的主要寄生虫是水蛆，幼虫潜在泥中茎节和根上吮吸汁液，使荷叶发黄。可结合追肥撒盖水草闷死水蛆。防治水蛆每亩水面撒生石灰 10~20 千克或结合追肥进行。防治蚜虫每亩用 40%的乐果乳剂 50 毫升加水喷雾，每周喷洒 1 次，一般连用 2~3 次即可收到显著效果。

防治鱼病主要是清田消毒，每亩用生石灰 50~70 千克和碳酸氢铵 25 千克，全田撒施。粪便应发酵后施入田中。消毒药物：鱼用强氯精 0.46 克/立方米。用药方法及标准：水霉、赤皮、烂鳃、肠炎病每立方米用强氯精 0.46 克全田泼洒。车轮虫、口丝虫等寄生虫病每立方米水体用 K 型灭虫灵 0.38 克全田泼洒。

（七）收藕捕鱼

10—11 月后莲藕成熟，莲藕田放浅水或放干田水，然后挖取。莲藕多直接下水采收，根据最后新叶部位，确定在其前方必然有藕结，即可抓住此叶柄，用脚蹬泥，用手提取。冬天采藕如水位较深，用长柄藕钩钩住藕节，用脚和手配合托藕出水。一般在立秋后收莲子，莲子成熟时，莲蓬青褐色，莲子呈灰黄色，孔格部分带黑色，才可采收。过早采收莲子不充实，过迟采收风吹易脱落。采收莲子应尽量少伤荷叶，用采莲船、莲钩将果梗采收，采收后摊晒7天左右直至完全干燥。立冬前排干田水挖藕，当莲藕田水排干，鱼自动随水流入鱼沟、鱼坑里，然后捕捞上市。

二、莲藕田套养鳜鱼

鳜鱼，亦称桂鱼、花鱼，在动物分类学上属于鱼纲、脂科鱼类，其肉质鲜嫩，生长快，产量高，是我国名贵的食用鱼类之一。

（一）鳜鱼种苗放养

莲藕田放养鳜鱼，水温 7~32℃，水温 18~25℃生长旺盛，放养时间一般在 4 月底以前，用于养鳜鱼的莲藕田要挖深，至少要挖 1.5~2 米深，鱼种入池前要先用 3%~4%的食盐水浸泡 5~10 分钟。莲藕田养鳜鱼是以养藕为主，养鳜鱼为辅。放养规格：鲢鱼 100 克/尾，放养密度 20~50 尾/亩；鳙鱼 150 克/尾，放养密度 10~15 尾/亩；鳊鱼 150 克/尾，放养密度 10~15 尾/亩；鲫鱼 100~150 克/尾，鲤鱼 160 克/尾，放养密度 20~30 尾/亩；鳜鱼种 18~20 克/尾，放养密度 200~300 尾/亩。鳜鱼放养密度不可过高，否则饵料鱼供应不足，鳜鱼达不到商品规格（500 克/尾以上）。

（二）鳜鱼饲养管理

1. 投饵

莲藕田放养鱼类饲料，可在 1 周以后开始投喂，向莲藕田内 1 次性投足适量的家鱼种（鲢、鳙、鲫、鳊鱼，不能投草鱼），以后不再补充投放饵料鱼。投喂量视水温和天气而定，每7天投喂1次，高温季节每次投喂量为鳜鱼体重的70%~100%，8—9月为70%~90%，低温季节10—11月投饵量为鳜鱼体重的35%~60%。为了让鱼吃饱、吃好饵料，繁殖小鱼供鳜鱼摄食。饵料鱼投放前要先用3%食盐水浸泡5~10分钟。另外，在莲藕田内每亩、每月投喂鱼用颗粒饲料50千克和动物性饲料30千克。每天还要少量投喂一些糠饼、麦麸类的饲料，供饵料鱼摄食。

2. 日常管理

（1）调控水质和水温。鳜鱼生存要求清新水质，而莲藕田水体有较高的耗氧量。一般莲藕田淤泥厚，底质泥可用微流水进行调节，增加池水溶氧。每隔4~5天冲水1次，高温季节每天冲水1次（2小时左右）。要适时开增氧机增氧。

（2）巡田。坚持早、中、晚3次巡田，勤捞杂物和浮叶植物（如菱角、芡实、睡莲等，以免其大量繁殖，盖满水面，造成缺氧）。检查网衣，如发现漏洞要及时修补。同时要做好大雨天的防洪准备，提前加固池埂和进出水口以防止鱼逃逸。

（三）鱼病防治

鳜鱼得病的原因主要是水体底质不好，鳜鱼不喜淤泥，而且要求较硬的底质。如果养鳜鱼莲藕田的底泥太软太厚，含有机质太多，就会产生各种有毒有害气体，致使鳜鱼在不良环境中生活，摄食量减少，身体抵抗力下降，容易感染疾病。鳜鱼在水温高于32℃或低于4℃时停食、消瘦、容易生病，甚至死亡。水温过高，还会引起大量浮游植物大量繁殖，造成水质恶化而引起鱼类疾病；水温不适，水温急剧升高或降低，鱼体难以对环境适应或养殖期间水位变动，造成鳜鱼的摄食量减少，身体抵抗力下降，容易感染病原微生物。鳜鱼对药物敏感，定期消毒常用硫酸铜和硫酸亚铁合剂或漂白粉交替挂袋（篓），地点在食场周围。也可用生石灰、漂白粉、硫酸铜、福尔马林、高锰酸钾等消毒液每隔半月泼洒 1 次，交替使用。平时注意观察鳜鱼苗的摄食和活动情况，如发现不摄食、离群独游、身体发黑等疾病症状要及时诊疗。同时要注意防止水鸟和水兽伤害鳜鱼。

三、莲田套养巴西鲷

巴西鲷，又名南美鲱鱼，为热带性鱼类，原产于巴西南部，它具有适应性强、生长速度快、食性广、个体大、抗病力强、易捕捞、肉质细嫩味道鲜美、经济价值高等特点。巴西鲷最适生长温度 26~32℃。我国大部分地区可养殖。

（一）莲藕田的建造与清整

土质以黏土（保水性能好）为佳。4 月开始翻田做畦，翻土的深度为 0.5 米左右，做成 1.5 米高的埂坝，坝顶宽约 0.8~1.0 米，夯实。每个莲田内开挖"回"字形的水沟。

（二）施肥

莲藕田整理好后，每亩施 2 000 千克的畜禽粪便，混匀后注入池内。

（三）莲藕的选择与种植

莲藕种要求新鲜，无切伤，无断芽。均匀种植，一般行距 1.5 米，株距 1.0 米。每亩种植莲藕 150~200 千克，种植深度为 0.15~0.2 米，藕头要压实。

（四）清田和鱼种放养

放养巴西鲷鱼种苗规格为 4 厘米左右。放养密度为 1 000 尾/亩。放养前一般用 10 毫克/升的孔雀石绿溶液浸洗 20~30 分钟；或 10 毫克/升的高锰酸钾溶液浸洗 30 分钟，以杀灭鱼体上可能带有的病原菌。

(五) 饲养管理

1. 投喂

巴西鲷是偏植物性的杂食性鱼类，且极贪食。在人工饲养条件下，可以投喂米糠、豆饼、麸皮、豆渣、花生饼、菜籽饼、糖糟、酒糟、鱼粉、蚕蛹粉等。在养殖前期主要投喂米糠、豆饼和麸皮，后期主要投喂鲫鱼配合饲料。投喂量根据鱼体规格不同按比例投喂，一般刚放养的鱼种苗，投饲量占鱼体重的 5%~7%，成鱼阶段按鱼体重的 3%~5% 投喂。一般每日投喂 2 次，即上午 8 时投喂 1 次，投全天饲料的 40%；下午 4 时投喂 1 次，投喂 60%。投喂面积占全池总面积的 10%。

2. 调控水质

高温季节天气多变，水质极易发生变化，如果田水过浓、变黄、发黑、发白等，说明水质已经开始恶化，应及时加换新水，调节水质。同时，通过合理投饲和使用生石灰，及时调节稻田的肥度。如田水呈油绿色、褐绿色、褐青色，水质肥而爽，不浑浊，透明度 30 厘米，可以不换水或少换水。

3. 日常管理

每天巡田 3 次。清晨巡田主要观察鱼的活动情况和有无浮头，中午巡田主要检查鱼的活动情况和进食状态参数；近黄昏巡田主要检查有无剩饲料和有无浮头预兆。酷暑季节天气突变时鱼类极易发生浮头，此时在半夜应增加巡田 1 次，以便及时采取有效措施，防止泛田。

(六) 鱼病防治

鱼病防治应坚持"无病先防，有病早治，防重于治"的原则。预防措施除了药物清田、鱼种苗消毒等常规操作外，应特别注意水质的改善，不投变质饲料，并定期进行药物预防。

（七）捕捞与采收

莲藕田中巴西鲷经过4个多月的饲养管理即可达到商品规格，当年10月即可进行捕捞。春节前挖出田中莲藕。

四、莲藕田套养埃及胡子鲶

埃及胡子鲶是热带亚热带的淡水鱼类，原产于非洲尼罗河一带。此鱼适应性强，除对水温有一定要求外，对其他条件无苛求，食性杂，肉质好，味道鲜美，营养丰富。

（一）莲藕田选择与设施

用作饲养埃及胡子鲶的莲藕田要求水源充足，水质良好、无污染，排灌方便，土质肥沃，水利设施好，田埂坚硬无渗漏，保水保肥能力强，面积667~2 000平方米。莲藕田选定后要进行必要的工程建设，需加高加固田埂，埂宽度为40厘米、高50厘米，并用1米高的拦网沿田埂四周设置作为防逃墙。在莲藕田开挖"日""田"或"井"字形鱼沟，沟宽50~100厘米，深30~40厘米，在田头开挖鱼溜，做到沟溜相通。还应铺设进、排水管道，并在进排水管口安装渔网或铁丝防护栅。

（二）莲藕栽植与鱼种放养

1. 莲藕栽植

栽植莲藕一般在清明前后开始植藕。种藕要新鲜，粗壮，芽旺，皮光，充分成熟，无病无伤，每株种藕最好具有3节完整的藕身，并有1~2个子藕；也可用子藕作种，但子藕必须粗壮，至少有两节以上充分成熟的藕身，且顶芽完整。种藕一般随挖、随选、随栽，当天栽不完的，应洒水覆盖保湿，以防芽头失水干萎。种藕栽植株距一般为1米，行距1.5~2米，一般每亩用种藕 200~250 千克。

2. 胡子鲶鱼种放养

胡子鲶生长水温 18~32℃，15℃ 以下摄食量减少。鱼种一般在水温上升至 20℃ 以上时放养。放养前莲藕田（池）应用生石灰消毒，并施以适量腐熟的粪肥以培养埃及胡子鲶的饵料生物。放养时，鱼种用 3% 的食盐水或 30 毫克/升的甲醛溶液浸浴消毒 10 分钟。放养密度应根据莲藕田（池）的条件、鱼种规格以及饵料供应状况而定，一般每亩放养 6~8 厘米鱼种 1 000 尾左右，并可搭配少量大规格鲢鳙鱼种，以调控水质。

（三）埃及胡子鲶饲养管理

1. 投饵

胡子鲶鱼种放养后，应以投喂动物性饵料为主，可投喂鱼虾肉、黄粉虫、蝇蛆以及切碎的动物肉与内脏等，并适量投喂一些豆饼、麦麸、浮萍等植物性饵料。中后期动物性饵料不足时，应适当增加植物性饵料的投喂比例，或将鱼粉、血粉等动物性饵料与植物性饵料混合制成配合饵料投喂。投喂量应根据天气、水温、饵料种类以及鱼摄食情况而定，一般日投喂量占鱼体重的 5%~10%，每天上午 9~10 时、下午 5~7 时各投喂 1 次。

2. 调控水位和水质

莲藕田起初水位宜浅，有利于提高地温与水温，促进莲藕和埃及胡子鲶的生长，随着气温的升高，应逐步提高水位。当莲藕立叶满田后，水位可达 30~40 厘米；后期水位应适当降低，保持水质良好，以满足莲藕生长阶段的需要。并适时换水，但每次换水量以不超过 25% 为宜。

（四）藕和鱼病害防治

在莲藕田中施以一定量的生石灰，不仅可以防治莲藕腐败病和地蛆，而且可以防治埃及胡子鲶细菌性疾病的发生。防治鱼病还应每隔 15 天左右消毒 1 次。莲藕发病要用高效低毒的药物，并尽量喷施在叶面、叶柄上，以免胡子鲶农药中毒。

（五）收藕捕埃及胡子鲶与冬季保种

10—11 月莲藕成熟，藕田放水或排干田水挖藕。挖藕前将藕田水排干，埃及胡子鲶自动随水进鱼沟、鱼坑，捕捞出售或将胡子鲶转入保温越冬池内培育，使鱼种安全越冬。因为埃及胡子鲶属热带亚热带淡水鱼类，在水温 6~7℃ 以下就会冻死。在我国大部分地区都难以在池塘中自然越冬，需要建造塑料大棚将埃及胡子鲶放入越冬保温池内或采用加温措施，使鱼安全越冬。棚内越冬池一般为圆形或正方形抹角水泥池，池底呈锅底形，中央为排污口。池深 1.2~1.8 米，水深可调整。埃及胡子鲶进池前，越冬池要经过清洗、消毒，此后加入干净水，并调好水温。冬季采取加温措施使棚内的水温达到一定范围，不仅能使埃及胡子鲶较好地摄食与生长，而且能使亲鱼提早繁殖，提早培育出鱼种。

五、莲藕田套养罗氏沼虾

利用莲藕田生态养殖罗氏沼虾，种养结合互利，促进虾藕生长可以提高莲藕田的生产综合效益。

（一）莲藕田选择与设施

莲藕田套养沼虾应选择水源充足，排灌方便，水质良好，无污染，光照好的莲藕田。田埂需要加高、加宽、加固。在莲藕田中开挖"十"字沟和环沟，沟宽 80~100 厘米，沟深 40~60 厘米，靠近进出水口各挖一条约 20 平方米大小的田坑，坑大小一般以占田块面积的 3%~5% 为宜，1~2 个/亩，坑深0.8~1 米，保证虾有充足的活动空间，并有利于浮游植物的光合作用，增加水中溶氧，也便于虾体得到阳光照射，利于虾体钙质吸收，促进甲壳生长。为了防止逃虾，在莲藕田的进出水口安置铁丝网片或防逃网，网片高度至少与田埂高持平，并将两端埋入泥中 30 厘米，以提高其稳定性与滤水效果。

（二）虾苗放养前的准备

1. 消毒

每亩用生石灰 50～75 千克，化水全田泼洒，以杀死病原体、野杂鱼类、蛙卵、蝌蚪、水蛭（蚂蟥）、青泥苔和水网藻等和增加钙肥，改良莲藕田水质。

2. 施肥

在清塘药物毒性消失后，每亩投放发酵过的有机肥 50～100 千克，培肥水质以促进浮游植物的生长繁殖，为虾苗提供天然饵料，以补充人工饵料的不足，但也要避免水质过肥。

3. 白莲移栽

一般在 3 月下旬至 4 月上旬插芽，栽种密度以 25～300 芽/亩为宜。

4. 栽植水生植物

根据罗氏沼虾的生活习性及其生长规律，在莲藕田中适当放养一些水生植物，如水浮莲、水葫芦、轮叶黑藻（投放前也应用 20 克/立方米的高锰酸钾或 2～4 克/立方米的漂白粉浸洗水生植物的根部），投放数量约占莲藕田面积的 1/10。为虾提供栖息和隐蔽的场所，减少互相残杀，尤其是虾蜕皮时躲避天敌动物食害可提高养虾的存活率。

（三）虾苗的放养

罗氏沼虾 16～17℃ 时反应迟钝，水温超过 35℃ 对摄食、生长不利，生长最适水温 25～30℃，每年 5 月中旬当水温

25℃以上时开始放养虾苗，放养的罗氏沼虾下田规格为 0.8~1 厘米，根据成活率等因素，每亩需投放虾苗 5 500 尾左右，投放虾苗 7 天后，投大规格鲢鱼 100 尾、且投放鳙鱼 20 尾。

（四）虾苗饲养管理

1. 投饵

前期以投喂蛋黄、黄豆浆为主，辅以投喂些花生麸、麦麸、鱼粉等。投饵量占虾总体重的 15%，后期投喂配合饵料为主，适当辅助投喂些动物性饵料，如小鱼、畜禽内脏等，投饵量占虾总体重的 6%~8%，每日分两次投喂，早晚各 1 次，早少投（占每日投饵量的 30%~40%），晚多投（占每日投饵量的 60%~70%），饵料均匀投放于莲藕田四周环沟内供虾类摄食。

2. 调控水质

保持莲藕田微流水，调节水位至 40~50 厘米，水色以油绿色为好；并用筛绢双层过滤，防止杂质及野杂鱼进入莲藕田。

3. 日常管理

每天早晚巡田查看罗氏沼虾的摄食情况，查看水质状况，查看防逃设施的完好程度，尤其是汛期要注意防洪和防逃。此外，还要查看有无病害和天敌动物危害。

（五）病害防治

预防虾病每隔 15~20 天每亩泼洒 10~15 千克生石灰消毒莲藕田。发现虾病，应对症下药及时治疗，除实施水体消毒外，结合内服磺胺胍等药物，外用杀虫剂药物禁止使用五氯酚钠、硫酸铜、孔雀石绿、甲胺磷、鱼虫净等，避免对养虾水体的污染。

（六）捕虾采藕

罗氏沼虾虾体长到 10 厘米，一般达每千克 100 尾左右时应及时起捕上市出售。因为罗氏沼虾有相互残杀、霸占地盘的习性，故采取轮捕上市可降低放养密度，提高养虾产量。同时罗氏沼虾属热带虾，畏寒。当 10—11 月水温下降到 16℃以下时停食，虾体停止生长。寒潮来临时会冻死。10—11 月的莲藕成熟，藕田放水或排干田水挖藕捕虾正相宜。将成虾上市出售，小规格虾则放入越冬池内保温饲养越冬。

六、莲藕田套养牛蛙

牛蛙宜在 18~32℃水温中生长，抗病力强，商品价值高。由于莲藕田虫害较多，水生生物丰富，适于蛙类生活和生长。

（一）莲藕田选择与设施

莲藕田应选择水源充足、水质优良、无污染、保水性好、排灌方便的田块，面积大小可根据养蛙数量多少而定。养殖牛蛙的莲藕田田坎要结实，要有坡度以利牛蛙能爬上田坎活动。莲藕田四周挖掘深 60 厘米、宽 1~1.5 米的保护水沟，以便缺水时为蛙、鱼提供一个庇护场所和饲养投喂场所。进排水口和莲藕田四周要设置尼龙网或铁丝防逃网，防止蛙、蝌蚪、鱼外逃和天敌动物的危害。

（二）莲藕田消毒

莲藕田建好后投蛙放鱼前要进行莲藕田消毒。莲藕田水深 10 厘米，每亩用生石灰 50~100 千克化水，趁热搅拌，全池泼洒；第 2 天用铁耙耙 1 遍，使生石灰充分分解，既能杀死细菌，又可改良水质和底质。1 周后换水投放蛙苗和鱼苗。或者用漂白粉，每立方米水体 7 克，用木盆化水，全池泼洒，5 天以后换水投蛙放鱼苗。

（三）牛蛙种苗投放

牛蛙在水温 20~30℃时摄食旺盛。14℃以下停止摄食。牛蛙放养适宜在栽植藕后半月左右，每亩放养 40~50 克的幼蛙 2 000~3 000 只。要求无病伤且健康的幼蛙，个体规格一致，以免大蛙吃小蛙，同时还可以套养少量草鱼、鲤鱼、鲢鱼、鲫鱼。

（四）牛蛙饲养管理

幼蛙生长发育适宜的水温为 20~25℃。幼蛙投放莲藕田后很快适应环境。这时需投喂少量食物。如小鱼虾、蚯蚓或切碎的动物内脏、下脚料或漂浮性配合饲料，定时、定位、定量撒在保护沟的水面上或食台上。每次投喂的饲料以在 1 小时内吃完为度。随着蛙的生长，不同时期投喂定量为：初期为幼蛙体重的 5%~10%，后期（即成蛙）应为 10%~15%。日喂 2 次，上午 9~10 时，下午 4~5 时，以下午为主，一般占全天投饵量的 60%~70%。晴天多喂，阴天少喂，雨天不喂。食台可用木板钉 1 个木筐或用竹制品铺上 1 块窗纱固定在竹筐上作投饵放在水面上。如每亩投放 1 000 只蛙，靠莲藕田中的昆虫和水中生物为食料可满足蛙、鱼的生长营养需要。莲藕田在栽植藕之前施足底肥，慎施农药或不施农药，因莲藕田昆虫多，蛙投放莲藕田后能捕食大量昆虫，一般不需喷施农药、化肥。水深保持在 15~35 厘米。疾病预防：保持水质清洁，每隔 7~10 天换水 1 次。每次换水 1/3~1/2。经常清扫食台，清除残饵，晾晒食盘。定期用漂白粉或其他杀毒剂消毒杀菌。每天早晚坚持巡查围栏是否破损，以防止蛙逃逸及蛇、鼠、鸟等天敌动物侵入莲田捕食牛蛙。

第四节 茭白田套养鱼、鳅、蟹、虾

茭白学名"菰",又名"茭笋"。在植物分类学上属于禾本科的多年生宿根草本植物。茭白性喜温暖湿润,适于黏壤土中生长,原产于我国长江以南水泽地区,栽培历史已有千年以上。

一、茭白田套养鱼

茭白田为养鱼等提供优良的环境条件。茭白田相对稻田种植的株距、行距宽,水位高,能够利用茭白田的空余水面养鱼的水体大、时间长,加之茭白叶是草食性鱼类很好的饵料,因此茭白与鱼共生互利,既能增加鱼的产量,又能使茭白增产。我国南方不少地区将茭白与早稻间作,并配合养鱼。在初插茭白时苗小不会影响稻禾生长,至早稻收割后正值茭白茂盛生长期,同时因收割了早稻稀疏了间距,增加了通气和阳光,有利于茭白的生长。而且茭白田经常保持 18～20 厘米深水,又有利于养鱼。

(一) 茭白田的选择与设施

茭白田养鱼必须选择在水源充足、水质良好、旱能灌、涝能排的区域进行。种植茭白田可利用沼泽地、洼地改造而成,土质为富含有机质的肥沃黏壤土,阳光充足、水源充足、水质良好。茭白田要清整,种茭白的田地要冬耕晒白,栽前要耕耙平整,耕层 15 厘米左右。耕层过浅出茭又少又小;耕层过深出茭迟。同时要施足基肥,每亩用 100 千克河泥、350～400 千克腐熟畜禽粪肥。茭白田养鱼需在 1 月底鱼种放养前做好加高、加宽田埂,开挖塘、沟等工作,以塘沟田式和沟田式较好。加高、加宽田埂并夯实,田埂宽 0.6 米以上,高 0.8 米,进出水口安装铁丝筛或钢丝网栅。按田块布局的三种模式进行开挖鱼沟、鱼塘。

1. 塘沟田式

在田易于管理的一边开挖一小塘，与田面上开挖的"十"或"井"字形鱼沟相通；塘深 1 米，沟宽 0.6 米、深 0.5 米；塘沟面积占整块田面积的 15%~20%，塘沟面积比为 2∶3。

2. 沟田式

在田面上开挖"十"或"井"字形鱼沟，宽 0.6 米、深 0.5 米，沟面积占整块田面积的 10%~15%。

3. 平田式

不开挖沟和塘。

按 1 米×1 米间距种植好茭白苗。

（二）选种

茭白是无性繁殖中种性很不稳定的一种作物，为提高茭白的产量和品质，必须进行严格选种。选种要从上年采收后期做起，将雄茭及灰茭除去，选留成熟早，茭肉粗壮、白嫩，植株生长整齐、分蘖多的茭墩，茭长要在 15 厘米以上，成熟一致、无病虫害、上市较早的植株作种。做好标签，待种植时带土提起分株移栽，每丛 3 根。根据茭白田的生态条件，鱼种放养以草鱼为主，搭养鲤鱼、鲫鱼和少量的鲢鱼、鳙鱼，比例为 1∶（3~5）。

（三）茭白移植

茭白忌连作，一般 3~4 年轮作 1 次。对轮作田块可在春季 4 月份茭白旧茬分蘖期进行移植，移植后一般当年可获得一定的产量。移苗时新苗要略带老根，行株距为 0.5 米×0.5 米，且要浅栽，水位保持在 10~15 厘米。

（四）鱼种放养

鱼种放养品种以草鱼为主，其次是鲤鱼、鲫鱼，搭养少量的鲢鱼、鳙鱼为好。养殖方式以养成鱼为主，放养量分别为：塘沟田式 38～45 千克/亩，沟田式 32～38 千克/亩，平田式 20～26 千克/亩。放养规格为：草鱼 100～500 克/尾，鲤鱼 25～300 克/尾，鲫鱼 10～50 克/尾，鲢鱼、鳙鱼 100～500 克/尾。3 月底以前放养完毕，抓住生长季节。100 克/尾以上的草鱼种，4 月中旬补放或 4 月中旬以前围养在塘、沟里，禁止放到田里，以防鱼吃茭白苗而影响茭白产量。沼泽地区一般杂鱼数量多，故适宜以养殖成鱼为主，搭养少量肉食性鱼类（胡子鲇、乌鳢等），控制杂鱼危害。

（五）饲养管理

1. 投饵

茭白田里的天然饵料资源有限，茭白叶只能被草食性鱼类食用。鱼生长期内如茭白田里天然饵料不足，从 3 月开始应视茭白田饵料情况投喂一定数量的饵料。茭白采收期间，以投喂茭白叶为主，辅助投喂糠、麸、玉米等精料，浮萍、旱草、蔬菜叶等青饵料与茭白叶配合。

2. 调控水质

茭田栽茭后要注意保持适当水层以满足分蘖之需。栽茭前期未放养鱼时，为了提高茭田温度，促进茭苗发根可灌浅水，水深 6～7 厘米；放养鱼种后每月加田水 2～3 次，每次加水 10～20 厘米；天气较热后，水可加深到 15～20 厘米，以促进分蘖多结茭。

3. 追肥和除草

茭白的生育模式及需肥特点：茭白较其他作物生育期长

（250～270 天），叶片数多（20 片以上），叶片长（100～160厘米），植株高大（130～200 厘米），根系发达，吸肥力强。茭白的需肥特点是：营养期长，产量高，需肥量大，能夺取高产。基肥在整田时多数使用有机肥，如每亩施用人畜粪肥4 000 千克，配合迟效肥料和速效肥料。苗肥一般不施化肥，追肥应根据茭田肥瘦和茭白生长看苗色情况而定。如氮、磷、钾配合施孕茭肥催出茭、出大茭。如出现黄叶、落叶等特殊情况以及苗数不足的田块，追肥多数使用尿素、过磷酸钙、硝酸钾等无机肥，一般施 2～3 次。严格控制化肥的每次用量，否则出茭要明显推迟，甚至叶片太长、太宽而不出茭。施孕茭肥要根据茭白长势和生长情况，掌握在多数茭白扁蒲孕茭，少量茭白可采收时施用，用量一般每亩施尿素 15 千克或碳酸氢铵50 千克左右，并结合追肥进行松土。结茭早，茭穗大，茭肉品质好。

茭白因稀植、空间大，杂草容易滋生蔓延需除草。每亩用15%乐草隆粉剂 50～60 克，拌细土撒施，以后在植株郁闭前还应耘田 2～3 次。7 月以后平均气温达 27℃以上，分蘖停止，苗茎足够，此时株高叶大，田间郁闭影响出茭，因此，8 月间还应剥去老叶，使茭田通风透光和减少病害。

4. 删苗

茭白出苗后要及时删苗 2～3 次，使新苗分布均匀，株距删到 18 厘米左右，留苗 30 株/平方米。一块苗田中，老茭不是出苗越早越好，过早出的苗经常是头年采收时地下茎被脚踏过深之故，这种苗细而长，日后茭白不但体小，而且影响第 2批出苗茭白的产量和品质，所以最早出的细茭也要删掉。因老茭生长周期短，主茎叶片只有 13 叶，又经多次删苗后黄叶、病叶很少，可不必摘叶。

5. 防逃

茭白田养鱼每天早晚各巡田 1 次，检查拦鱼网栅及田埂是否完好，在下雨时，特别防止洪水漫埂或冲垮拦鱼设施。

（六）病害防治

鱼种放养病害防治要重点做好放养前的消毒工作。鱼病多发季节，每月在鱼沟、鱼塘中泼洒生石灰、漂白粉等外用药液一次，以防鱼病发生。对于细菌性鱼病可用土霉素等药物拌饵料内服。

茭白的病害防治常规农药选用乐果、多菌灵等高效、低毒、低残留的广谱性农药，一般施放 1~2 次，施用时先加深水位 10~20 厘米，丘田先施一半，隔天再施一半。阴历年底要及时割除枯残叶，可减轻病虫害。

（七）捕鱼与采收茭白

根据鱼苗是否长到食用规格进行成鱼捕捞，分批用网捕捞，捕大留小，小鱼留田继续饲养。一般 9 月底即可采收茭白。老茭白在 5—6 月可收获 1 次，即 6 月茭。无锡茭白种后能采收 2 年。

二、茭白田套养泥鳅

茭白田套养泥鳅不仅利用了茭白田的浅水域，茭白田水中的小型动物为泥鳅提供了足够的天然动物饵料，减少茭白病虫害的发生，而且茭白丛生繁茂，炎热夏季有利于为泥鳅遮阳避暑；泥鳅的粪便可作茭白的优质肥料，促使茭白生长，从而获得茭白和泥鳅双增产。

（一）茭白田的工程设施

茭白套养泥鳅的田块设施工程修整包括鳅沟、鳅窝，还要加高、加固田埂。鳅沟是泥鳅活动的主要场所，开挖成"田"

字形或"目"字形，沟宽40厘米、深50厘米；鳅窝设在田块的对角或四角，鳅窝宽1～2米、长50～60米，鳅窝与鳅沟相通。开挖鳅沟、鳅窝的同时，利用土方加高田埂，使田埂高出田块60厘米，以保证茭白田蓄水时田块水深达20～30厘米，鳅沟水深0.7～0.8米。同时茭白养鳅田要有独立的进排水系统，进排水口要对角设置。水管出水处绑一个长50厘米的40目筛绢过滤袋，以阻止野杂鱼、蝌蚪、水蜈蚣、水蛇等天敌动物随水入田。此外，茭白养鳅田周围要建塑料薄膜围栏，每隔1.5～2米钉一道直立的木桩，塑料薄膜上端绑扎固定在木桩上，下端用泥块压实盖牢。薄膜墙高度为60～80厘米。

（二）放养鳅苗前的准备

1. 消毒

鳅苗放养前10天左右，每亩用生石灰15～20千克或漂白粉1～2.5千克，对水搅拌后均匀泼洒。

2. 施肥

在茭白田灌水前，每亩施发酵的猪、牛等畜禽粪600千克左右，其中250千克均匀地施于鳅沟，其余的施在田块上并深翻入土，翻土时要注意保护好鳅沟、鳅窝不被破坏。

（三）鳅苗放养

放养鳅苗可从天然水体捕获或选购池塘人工繁育的苗种中体形好、个体大的鳅苗。苗种规格以放养全长3厘米以上的夏花为宜。泥鳅生长水温15～30℃，放养鳅苗时间于茭白移植成活后，待追施的化肥全部沉淀后（一般在茭白移植后8～10天），可先放养20～30尾进行"试水"，在确定水质安全后再放。放养鳅苗密度一般每亩放养0.8万～1万尾，一般每亩放养量10～15千克，雌雄种鳅苗比例为1：（1～5）。

（四）饲养管理

1. 施肥

泥鳅属杂食性鱼类，常以有机碎屑、浮游生物和底栖动物为饵料。在养殖过程中应在鳅沟、鳅窝中定期追施经发酵的畜禽粪等，也可施用氮、磷、钾等化肥。田水透明度控制在 15~20 厘米，水色以黄绿色为好。

2. 投饵

泥鳅食谱很广，喜食畜禽内脏、猪血、鱼粉、米糠、麸皮、豆腐渣以及人工配合饵料等。当水温在 20~23℃时，动物性、植物性饵料应各占 50%；水温在 24~28℃时，动物性饵料应占 70%。日投喂 2 次，上午 7~10 时和下午 4~6 时各 1 次。日投喂量为鳅鱼体重的 3%~5%。

3. 调控水质

茭白移植和泥鳅种苗放养初期，幼苗矮可以浅灌，水位保持在 10~15 厘米。随着茭白升高、鱼种长大，要逐步加高水位至 20 厘米左右，使鳅鱼始终能在茭白丛中畅游索饵。茭田排水时，不宜过急过快。夏季高温季节要适当提高水位或换水降温，以利鳅鱼度夏生长。

4. 删苗

详见本节茭白田套养鱼中有关删苗的内容。

5. 茭白病虫害防治

茭白发生病虫害时应尽量采用高效低毒农药，并严格控制安全用量。施药前田块水位要加高 10 厘米，施药用喷雾器的喷嘴应横向朝上，尽量把药剂喷在茭白叶上。粉剂应在早晨有露水时喷施，液剂应在露水干后喷施。切忌雨前喷药，尽量减少农药对田水的污染。阴历年底割除枯残叶可减轻茭白病虫害。

（五）捕鳅与茭白采收

泥鳅一般经过 4 个月的套养，全长能长到 10 厘米、体重达到 12 克左右即可捕捞。但在茭白田套养泥鳅通常 9 月底茭白采收后捕捞。捕捞前 3 天将田水排干待泥鳅向鱼沟密集以后用手抄网捕捞。如未捕尽可采用翻泥捕鳅。选留种鳅放入越冬池保温饲养，保证鳅种安全越冬。

三、茭白田套养蟹

利用茭白田水域养蟹，盛夏高温季节茭白成了蟹的天然遮阳棚，可以减少茭白的病虫害，还为蟹提供足够的动物性饵料。同时蟹在茭白田里爬行活动增加水体中的溶解氧含量，蟹的粪便可以肥田，利于茭白的生长发育，可以达到茭白和养蟹增产增收。

（一）茭白田的选择与设施

套养蟹苗的茭白田应选择水源充足、无污染、水质清新、溶氧高、灌排方便、阳光充足、土质肥沃的沙壤土田，并离居民区与交通道较远。在茭白田田埂四周挖一条深 0.5 米、宽 0.5 米的水沟，然后在田中间向四周开挖深 0.5 米、宽 0.5 米的"十"字形水沟。水沟的面积为茭白田面积的 10% 左右，水深保持 0.3 米以上，可供蟹栖息。用水泥瓦沿田埂边设立 3 个饵料台。在茭白田四周用塑料薄膜围栏，薄膜上端高出田埂 0.6 米，下端埋入泥中 0.2 米，每隔 1 米打 1 个木桩，将薄膜捆扎其上，使整个"薄膜墙"拉直。在进出水口处建 2 道防逃栅，内用竹箔拦截漂浮物、杂草等，外用铁丝网封牢，防止养蟹外逃。

（二）蟹苗种放养

河蟹最适生长水温 18～30℃，茭白田套养河蟹时间宜于 6 月初购进蟹苗种，扣蟹规格为 9 克。河蟹最适生长温度为 18～30℃，蚤状幼体、大眼幼体最适水温 19～25℃。蟹苗放养密度为每亩 1 200 尾。

（三）蟹苗饲养管理

1. 投饵

投喂饵料主要以动物内脏、小鱼、小虾、猪血为主，辅以青饵料。每天投饵做到定时、定量、定位。定时：蟹有晚上摄食习性，因此在每天下午 5 时以后投喂。定量：日投喂量为河蟹体重的 10%～15%，具体投喂量视天气、饵料质量、蟹生长情况等因素酌情增减，一般以第 2 天略有剩饵为度。在投喂饲料初期要逐步驯化养成蟹在饵料台定点、定位摄食习惯，食台需要每天清理 1 次。

2. 茭白与河蟹日常管理

茭白田养蟹养殖环境好，一般不会染病，但要每半月向田间泼洒生石灰 1 次，以调节水质，用量为 10 千克/亩。在炎热的夏季，茭白田水温有时较高，这时要适当加深水位，并进行自流式换水。另外，在给茭白打药施肥前应先把蟹赶到水沟，然后再打药、施肥。经常巡塘，注意观察蟹的生长摄食情况，同时要做好河蟹防逃工作和防止田鼠和青蛙等天敌动物的危害。

（四）捕蟹与茭白采收

一般 9 月底后采收茭白起捕河蟹。捕蟹可利用河蟹有较强的趋光性，晚上用灯光诱捕或撒网、地笼捕捞。河蟹与茭白在同一水田中，除采用上述捕蟹方法外，还可在夜间放干田沟水，蟹出洞时用灯光诱捕起成熟河蟹上市出售。茭白采收后选择规格整齐、肢体完整、背青腹白的河蟹个体消毒后再放养到准备好的暂养池中饲养育肥，以提高品质后特价出售。

四、茭白田套养青虾

（一）养虾茭白田选择与设施

养虾茭白田应选择土壤肥沃、水源充足、水质良好、保水性能强、进排水方便的田块，以 2~5 亩为宜。沿田埂内侧距田埂 2~3 米处挖宽 3~5 米、深 0.8~1 米的环形虾沟，将其中一段虾沟加宽加深，挖成宽 4~8 米、深 1.5 米的暂养池。虾沟、暂养池占茭白田总面积的 10%~20%。同时建好进排水系统，进排水口除用钢丝密眼网封住外，田埂务必夯实，防止逃虾和天敌动物侵食。养前 20 天，用生石灰消毒虾沟，待毒性消失后，加水使虾沟水位达 0.6~0.8 米，每亩施畜禽粪肥 500~800 千克，培肥水质，增殖浮游生物，为青虾提供丰富的天然饵料。

（二）青虾苗种放养

苗种可专池培育，也可直接在茭白田中就地培育，即利用一段虾沟或暂养池，用密眼网拦隔，放养前按每亩投放个体 4~6 厘米长的抱卵虾 200~250 克的标准投放种虾，经过 1 个月，可育成规格 1.5 厘米左右的虾苗 1.5 万~2 万尾。青虾生长最适水温为 18~30℃，茭白田里放养虾苗宜在茭白移栽后 7~10 天，将虾苗投入套养茭白田中。

（三）青虾饲养管理

1. 投喂

虾苗刚孵出时可投喂黄豆浆加鱼糜制成的混合饵料；7~10 天后改喂配合饵料，也可喂麦麸、米糠等，适当投喂一些鱼肉、螺蚌肉、蚕蛹粉等动物饵料；7—9月以植物性饵料为主；自10月起以动物性饵料为主。一般每天投饵2次，上午8时、下午6时各1次，上午投喂量占1/3，下午投喂量占2/3。饵料主要投放在虾沟四周的浅水处，日投饵量占在池虾体重的5%左右，并根据季节、天气、水质等变化灵活掌握。

2. 调控水质

虾苗放养初期，虾沟水深保持在0.6~0.8米；7月以后可加到1米以上，以便青虾进入大田摄食；秋茭采收前将水位降到1米以下，逐步把青虾引入虾沟；8—9月高温季节，坚持每7~10天换1次水，每次换水1/3，水质过肥时及时灌注新水，以确保水质良好。

3. 青虾与茭白苗日常管理

经常巡田检查青虾摄食及水质变化情况，并要求做好防汛、防旱工作，防止大雨冲垮田埂、漫田。水面过浅的茭白苗生长后期删苗2~3次，阴历年底及时割除枯死残叶并焚烧可减少茭白病虫害，还可作灰肥施用。由于青虾对药物特别敏感，茭白田尽量不使用农药，以确保青虾安全。同时要经常巡田，发现蛙类、水蛇等天敌动物要及时清除。

（四）青虾的捕捞

青虾可用拖虾网捕捞，也可在9月底采收茭白后干田、干沟捕虾时捕大留小，青虾4厘米以上方可上市销售，4厘米以下留田继续饲养。

第五节　荸荠田套养河蟹

荸荠其球茎俗称"地栗""马蹄""乌芋"等，在植物分类学上属于莎草科的多年生草本植物。荸荠原产于印度，在我国长江流域以南各省水泽地区均有栽培。荸荠含有多种营养成分，自古以来就是佳果珍馐。荸荠性喜温暖湿润，不耐寒，以球茎繁殖，春夏育苗栽植，冬季采收。荸荠田养蟹不仅可以充分利用水中的动物性饵料，而且还可以清除田间杂草，蟹活动也能增加水体中的溶解氧含量，蟹粪肥田促进荸荠生长同时又能保证河蟹用水，从而形成荸荠与蟹共生、互相促长，高产优质。

一、荸荠田选择与设施

养蟹的荠田要选择排灌方便、阳光充足、土层肥沃的水田，土质以沙壤土为好。面积一般 3~5 亩。在荠田四周要开挖 0.5 米宽、0.8 米深的外环沟，在畦面上每隔 2.5 米开挖 1 条 0.5 米宽、0.6 米深的畦沟。畦沟开成"十"字形、"王"字形、"田"字形、"井"字形，沟与沟互通，并用挖出的土抬高荠埂和池埂。在荠田的两侧各设有注、排水系统，注、排水口处要安装栅栏和密铁窗网等拦蟹装置。在蟹种入池前要做好防逃设施，在池四周的田埂上用塑料薄膜或钙塑板建成高 80 厘米、入土 10~20 厘米的防逃墙。

二、河蟹放养前准备

（一）消毒

在荸荠田灌水前，每亩用生石灰 30~35 千克化浆后全池泼洒进行消毒。

（二）荸荠的栽植与管理

我国荸荠品种较多，根据品种的优劣和茬口搭配关系，一般采用 4 月催芽，6 月移植，立冬（11 月 7—8 日交接）前后收获的荸荠。每年 11 月左右荸荠与河蟹同收。

1. 育苗

一般不经过催芽，长江流域在小暑前后育苗，作种球茎在大田越冬后，翌年立春至清明前挖取，阴干后顶芽向上交错堆放 3～4 层，每层上撒干泥堆 1 米左右，顶上覆土或盖稻草。如在缸内贮藏，至催芽时取出，选择圆整、大小均匀（直径 3～4 厘米）、色泽鲜润、芽充实、脐深而不腐烂的球茎作种。育苗前先作床，选干燥平地以河泥平堆 14～16 厘米厚为宜。种荸顶芽朝上，按株行距 4～5 厘米见方播排在苗床上，苗床上 33 厘米高度支架搭棚，夜晚外露，日盖草帘，直至定植前 10 天除去草帘。每天浇水 1 次，待苗高 3.3 厘米左右时，改浇洒泥水 2 次。一般在播后 1 个月左右，植株能长到 23～26 厘米（7～8 寸）高时定植，每亩播种量 40～50 千克。催芽播种的秧田必须耕耙平整施足基肥，一般每亩放入粪尿 1 000～1 500 千克（20～30 担），按行栽入已发芽的荸荠，并保持浅水，至苗高 18～20 厘米时定植。

2. 荸荠苗的移栽

在移栽荠苗前先拔好荠秧，洗去厚泥，去掉纤细的劣质秧苗、早栽苗，行穴距 50～60 厘米，每穴一株或具有 3～5 根叶状茎的分株一丛。早栽苗每亩 1 500～2 000 株，迟栽苗每亩 2 500～3 000 株，荸荠苗的栽植深度约 6～7 厘米，应与管状茎基部等齐。如果栽植过浅，球茎易浮难活，引起分蘖过多反而降低产量；栽植过深，分蘖过少，结球茎减少。栽植后用手将根蒂泥土抹平，使根与泥土接触利于荸荠成活生长。

在高产荸荠田里选取球茎肥大、性状一致、色好味佳、老熟、顶芽无创伤的荸荠作芽种，留取健壮顶芽，在田底部垫 10 厘米厚泥沙，将芽一个挨一个地摆好。摆一层芽盖一层泥沙，最后一层泥沙厚 1 厘米，顶上再加一层稻草封严。以后每

10 天淋 1 次清水，并注意保温、防鼠害。

3 月中下旬，先在避风向阳处做一块催芽沙床，然后将越冬后的芽像栽大蒜那样栽好催芽。当幼苗长到 10~12 厘米高时，移栽到秧田育苗。育苗期间要勤施肥，促苗生长。7 月中旬便可移栽大田，以后按常规管理。

3. 荸荠田管理

（1）调控水质。根据荸荠一生需水量大的习性，要经常注水和排水，经常保持畦面上有浅水，保持田土湿润。栽植时灌浅水 3.3 厘米；植株分蘖期应保持水深 7~8 厘米；寒露后可停止灌水。

（2）施肥。由于荸荠生长期需肥量大，施肥以有机肥为主、无机肥为辅，可结合耕地每亩施厩肥 1 500 千克左右、人粪 1 000 千克（20 担）。植株生长期每亩需要追施饼肥 75 千克或厩肥 2 000 千克左右。化肥主要施用尿素，每亩用量 7.5~10 千克，同时施含有氮、磷、钾的复合肥料和有机土杂肥。

（3）除草。结合施肥进行除草，除草方法分别在定植后 15~20 天和 30 天前后进行。

（4）防治荸荠的病虫害，如枯萎病等，同时又要保证河蟹生长的生态环境。

三、蟹苗挑选与放养

（一）蟹苗挑选

蟹苗优劣关系到荠田养蟹的成活率和产蟹量。在荠田放养的蟹苗应挑选大小规格整齐（80%~90% 相同），蟹体完整健壮，体色深浅一致，黄褐色或淡咖啡色，活动能力强，以手抓蟹苗松手即散开，反应迅速、爬行敏捷的蟹苗。不放养海水苗、花色苗、懒苗和嫩苗。

（二）放养蟹苗

4月份催荸荠出芽，6月前移植荸苗，待荸苗发青后水温18℃以上即可放养蟹苗。放养规格80~120只/千克的扣蟹为宜，每亩放1 000~1 200只，到11月左右，亩产成蟹15~30千克，每只100~150克。

四、河蟹饲养管理

（一）投喂

荸荠田养蟹同样需要饲喂饵料，投喂饵料的营养组成应随着河蟹不同生长发育阶段和季节变化而改变。一般5—6月的扣蟹个体幼小、体质较弱、摄食能力低、食性范围窄，对外界环境条件的改变及天敌动物侵袭抵抗力差，这时可投喂细粒豆饼、花生饼、血粉、嫩菜及豆腐渣等。培育早期需适当投喂些枝角类、桡足类及水蚯蚓以及喂切碎的野杂鱼、螺、蚌、蚬的肉等。幼蟹蜕壳次数多，个体变化快，配合饲料中需加促进蜕壳的蜕壳素、钙质等。幼蟹主要在晚上摄食，因此傍晚投饵70%，上午投饵30%。日投饵量一般不超过幼蟹总体重的1%~5%。投饵要求均匀充足，防止幼蟹因饵量不足而自相残杀。水上面放养一些绿萍，其须根可作幼蟹饵料，同时有利于幼蟹蔽荫栖息。6—8月气温高，动物性饵料投喂少一些，以投喂植物性饵料为主，一般占70%。成蟹投喂水生植物不必控制量，动物性饵料投喂量要根据水温而定，水温超过27℃时，每隔2~3天投喂1次，早期水温低，投喂次数要少些。9—10月是河蟹育肥阶段，性腺发育迅速，摄食量加大，投饵以动物性饵料为主，如需要补足螺肉等。投饵采取定点投喂，一般投喂在距田边30~50厘米的水中，投饵量以 4 小时左右吃完为度。如在 1~2 小时吃完说明投饵量不足，如到第 2 次投饵时尚有剩余饵料则是投饵过多，应适当减少投饵量。一般日投饵量前期投 3%、后期投 5%~10%，每天分次投喂。

（二）管理

1. 调控水质

养蟹荸荠田一般每周换水 1 次，水质要求保持清新，溶氧在 4 毫克/升以上，夏天高温季节每天换水 1 次，每次换荸荠田总水量的 1/3~2/3，避免水温升高，有早熟蟹生成。换水时蟹沟内要保持水深 0.5 米左右。新水与原田水的温差不要超过 3~5℃，注入荸荠田的水需经聚乙烯网过滤。

2. 日常管理

饲养期间要求每天早晚巡田，观察蟹的活动和吃食情况，以便调整投饵量和管理措施；同时每天要掌握水温，观察水色变化，及时注水。荸荠田生态条件较好，养殖蟹只要做好荠田的消毒防病工作一般很少生病，一旦发生蟹病引起大量死亡，应及时采取相应措施治疗。同时应注意清除荸荠田中蛙、鼠、水蛇、鸟、鳌虾等天敌动物，以免危害幼蟹及抢食饵料。

五、捕蟹、采收荸荠与留种

荸荠以收获地下茎为目的。荸荠的产量和品种如何与收获期适当与否有密切关系。荸荠的采收期可从霜降（10 月 23~24 日交节）开始到翌年春分为止。如果采挖过早，因球茎未充分成熟，产量不仅低，而且球茎内含的水分多而味淡不甜，且不耐贮藏；采收不宜迟于 2 月下旬，否则营养物质消耗多，淀粉含量减少，干物质和可溶性固形物（指糖和酸）含量下降，同样造成肉质乏味。利用荸荠田养蟹，为确保荸荠、河蟹双高产出，又能在同一时间出池，一般可选在每年小寒（10月8~9日交节）到冬至（12月21~23日交节）期间，多在每年11月捕捞成蟹和采收荸荠。

第二章　稻田生态养殖水产经济动物

第一节　稻—鳖生态种养模式

中华鳖，俗称甲鱼、水鱼，因其含有丰富的人体必需氨基酸、脂肪酸以及维生素，具有极高的营养价值和药用价值，是国人心中一种不可多得的高档滋补珍品，一直受到人们的追捧。

20 世纪 80 年代以后，随着集约化、规模化控温养鳖技术的普及，中华鳖产量得到大幅提升，走上了寻常百姓家的餐桌。然而由于片面追求产量而忽视了科学的养殖管理，引发了养殖水体恶化、疾病频发、营养价值低下以及一定程度的药物残留等一系列问题，致使养殖效益低下甚至亏损成为常态。

稻—油—鳖养殖模式是根据水稻和油菜的生态特征、生物学特性以及中华鳖的生活习性设计而成的一种生态立体养殖模式。稻—油轮作既为中华鳖提供了生长必需的水环境，又防止了中华鳖冬眠期耕地闲置，可以做到"一水两用，一地三收"，充分提高了土地的综合产出效益，是增加农民收入的好方法。以下详细介绍稻—油—鳖种养技术，供养殖者参考。

一、稻田设施改造

（一）稻田选择与作垄施肥

根据中华鳖的生活习性，要求选择水源充沛、排灌方便、保水性强、黏性土质的稻田。首先将稻田分割成若干个方形地块，大小根据各地区情况而定，平原地区每块面积近 3 亩为宜，丘陵地区则较小。

插秧前 15~20 天，在每亩稻田和鱼沟中均匀施加腐熟的牛粪、猪粪或绿肥等 500 千克，然后利用机械或者人工将稻田改造成宽 60 厘米、高 25~35 厘米的梯形垄，到插秧前 2~3 天再整理一次。作垄时，田内灌水不能过深，但也不能把水全部放光。垄向依照水流方向和风向确定，正冲田和低台田垄向应顺水流方向，以利排洪和灌溉；挡风口田垄向垂直于风向，以防倒伏。

（二）开挖田间沟

作垄结束后，沿着稻田田埂内侧四周开挖供中华鳖活动、觅食以及避暑防寒的"田"字形鳖沟，根据稻田大小，鳖沟也可挖成"井"字形、"十"字形等形状，鳖沟的面积占稻田总面积的 10%~20%（沟宽 1~5 米、深 0.5 米），并在稻田四个拐角处和稻田中间各开挖一个 3~5 米长、2~3 米宽、1.2 米深的鳖溜。另外在鳖沟上修建几条宽 3 米左右的机耕通道，方便以后机械生产，鳖沟由管涵连接。利用挖沟的泥土加宽、加高、夯实田埂，确保田埂的保水和防逃能力。一般改造后的田埂，高度高出稻田平面 0.5 米以上，湖区低洼田的田埂应高出稻田 0.8 米以上，埂面宽 1.5 米，池堤坡度比为 1∶（1.5~2）。

（三）建造防逃设施

为防止中华鳖外逃和敌害进入稻田，利用石棉瓦建造防逃隔离带，具体操作为：将石棉瓦埋入田埂泥土中 20 厘米，露出地面 50 厘米以上，然后用木桩在每隔 100 厘米处固定。为防止中华鳖沿夹角爬出外逃，稻田四角转弯处的防逃隔离带要做成弧形。

（四）改造进、排水系统

进、排水系统应建在田外，不能在稻田中串联。综合考虑环沟的特点，将进水口和排水口进行对角设置。进水口建在田埂上，排水口建在沟渠最低处，进、排水口的大小应根据田的大小和下暴雨时进水量的大小而定。一般进水口宽为 30～50 厘米，排水口宽为 50～80 厘米。为防止鳖外逃，进、排水口处用铁条网封住。

（五）晒背台、饵料台以及产卵台建设

中华鳖有晒太阳的习性，故在鱼沟中每隔 10 米左右设置一个晒背台，饵料台和晒背台合二为一（材质为糙面石棉瓦）。台宽 0.6～0.8 米、长 1.7～2 米，晒台一端在埂上，另一端没入水中 15 厘米左右。田中央用土建一个长 5 米、宽 1 米的产卵台，台坡度比为 1：2，台中间铺放 30 厘米厚的沙子。

二、作物种植与鳖种放养

（一）鳖沟消毒

在中华鳖苗种放养前 10～15 天，为杀灭鳖沟内敌害生物和致病菌，预防疾病发生，每亩鳖沟面积用生石灰 100 千克对水泼洒进行消毒。

（二）移栽水草及建造荫棚

夏热冬寒，稻田水温变化很大，虽有鱼沟，对中华鳖的正常生活仍有一定影响，因此，应在晒背台处搭设若干个荫棚，并在鳖沟消毒 3～6 天后，向沟内移栽水葫芦、水浮莲等水生植物，栽植面积占鳖沟面积的 20%～30%，为中华鳖提供遮阴躲避的场所以及净化水质。

（三）稻秧、油菜移栽

插秧时间在 5 月中旬，秧苗移栽在垄坡上，行距约为 17

厘米，株距约为 10 厘米。稻种选择为抗病害、抗倒伏、耐肥性强的一季稻。

9 月初至 10 月上旬水稻收割结束后，进行二次施肥，每亩田地均匀施加腐熟的牛粪、猪粪等 500 千克。10 月中旬，选择综合抗性较强的油菜品种进行苗种移栽。

（四）鳖种放养

中华鳖苗种投放在 5 月下旬或 6 月初的晴天进行，这时秧苗已经返青，根系发育完好，即便中华鳖在泥中穿行也不会伤害稻株。如果以育种繁殖为主，一般每亩稻田可放养亲鳖 60 只（雌∶雄＝4∶1）；如果放养商品鳖，每亩稻田可放养统一规格为 250 克左右的中华鳖 80～100 只。要求选择体格健壮、健康无伤病、活动力强的苗种入田，并且在放养前苗种用 3% 食盐水浸泡 8 分钟。

中华鳖雌雄鉴别方法：雌鳖尾短而软，裙边较宽，尾端不能自然伸出裙边外，而雄鳖则相反；雌性背甲为较圆的椭圆形，中部较平，而雄性则为较长的椭圆形，中部隆起。

三、日常管理

（一）饵料投喂

中华鳖为偏肉食性的杂食性动物，人工投喂的饵料为收购的野杂鱼、切碎的鱼肉或者河蚌肉等。投喂方法严格遵守四定原则（定点、定时、定量、定质），每天投喂 2 次，投喂时间分别在上午 9～10 时、下午 4～5 时。具体投喂量视当天的天气、水温、活饵（田间杂鱼、螺蛳等）等情况而定，一般以 1.5 小时左右吃完为宜，水温低于 18℃ 停止投喂饵料。为了提高中华鳖的品质和节省饲料成本，可在稻田内预先投放一些田螺、鱼虾类供鳖食用。

（二）水位控制与水质调控

5月中旬，为了方便耕作和插秧，插秧时将水位适当提高至 30~35 厘米，即水位恰好没过田垄；投放苗种后，根据不同生长期水稻对水位的不同要求和鳖的生长需求，适当地逐步增减水位。每隔 10 天用生石灰水泼洒鳖沟一次，并定期加注新水，保证 15~20 天换水一次，以保持水中的溶氧。

（三）科学晒田与追肥

在水稻生长中期，需要进行晒田。采取轻晒的办法：将水位降至田面露出水面，使田块中间不陷脚，田边表土不裂缝和发白，以见水稻浮根泛白为适度。晒田结束之后，立即将水位提高到原水位。需要注意的是，晒田前要清理鳖沟，并调换新水，以保证鳖沟通畅，水质清新。

中华鳖的粪便及残饵虽有一定的肥田作用，但为保证田间养料充分，种养期间需进行适量追肥。方法为每 15 天施肥一次，每次每亩施 10 千克腐熟的农家粪肥于鳖沟、鳖溜中，保持田水呈黄绿色。

（四）农作物病害和中华鳖疾病防治

坚持"预防为主，防治结合"的原则。稻田中的病虫害一般由昆虫引起，而中华鳖以稻田间昆虫、飞蛾等为食，故田间虫害较少，一般可不施农药；如果病害较严重，可以喷洒高效低毒农药进行防治。为防止中华鳖农药中毒，可先将其诱至鳖溜中暂养，施药 2~3 天后方可结束暂养。

由于中华鳖养殖密度低，环境优良，一般很少发病。但是根据"预防为主"原则，应定期进行鳖沟消毒，每天清洗饵料台。为防止中华鳖肠炎病发生和增强体质，每 10 天用每 20 千克饲料添加大蒜素 50 克拌后投喂，或者将中草药铁苋菜、马齿苋、地锦草等拌入饲料中投喂。疾病频发季节，每 5 天用生石灰水泼洒鳖沟一次，每 10 天换水一次。如若发现有病鳖、死鳖应及时捕捞上岸进行处理。

（五）越冬管理

水温在 12℃ 以下，进行越冬前和越冬期管理。在中华鳖进入冬眠期前，进行鳖沟、鳖溜消毒处理，每亩鳖沟、鳖溜面积用生石灰 100 千克对水泼洒进行消毒，然后将中华鳖集中在鳖溜中冬眠。越冬期间，鳖溜水位保持在 1 米以上，用草帘铺设在鱼沟上，并在池底铺设 20 厘米厚的泥沙，方便中华鳖钻入泥沙中越冬；定期进行水体消毒和加注新水，保证每次加注新水量不高于 10%，水温温差不超 3℃，以防中华鳖发病。

若有新生稚鳖，当气温降至 15℃ 左右时，就应该将稚鳖移入室内越冬池越冬，以便提高稚鳖的存活率。越冬池水深 1 米以上，池底铺设 20 厘米的泥沙，越冬期间注意保温防冻。

（六）捕捞

如养殖商品鳖，9 月中旬以后，需将商品鳖捕捞上市。鳖的收获主要采用干池法，即将鳖沟中的水排干，等到夜间鳖沟里的鳖自动爬上淤泥，然后用灯光照捕。

（七）注意事项

平时要经常检查修复防逃设施并及时堵漏，严防敌害进入田间伤害中华鳖。同时，为杜绝焚烧秸秆导致的安全问题和环境污染，推广秸秆还田栽培技术。在油菜栽种后，将稻草顺油菜行铺盖还田，铺盖的稻草不仅有增温、抑制杂草的作用，而且稻草腐烂后可以为土壤增肥。油菜收获后，将油菜秆、油菜籽壳进行还田，并放水整田。

第二节 稻—鳅生态种养模式

稻田养殖泥鳅是一种经济效益较高的种养结合生产方式，是农民增产增效的有效途径，一般每亩可收获泥鳅 200~250 千克，增收稻谷 60 千克，现将技术介绍如下。

一、稻田选择与设施改造

选择水源充足、注排水方便、没有污染源、质地松软肥沃、弱碱性、保水性强的稻田养殖为好。每单元面积 5~10 亩，田表面平整，田埂要加高加固夯实至宽 100 厘米、田埂高出水面 60 厘米。田边挖环沟，中央开挖"十"字形鱼沟，沟上宽 150 厘米、深 50 厘米、边坡 45 度。进、排水口呈对角分布。环沟面积占稻田面积的 10% 左右。在埂边最好用塑料薄膜或纱网做防逃设施，膜或网高出田埂面 50 厘米，埋入地下 40 厘米，进、排水口处要有拦鱼设施，防止泥鳅钻逃及野杂鱼和污物进入。养殖期间稻田水深保持在 5~10 厘米为宜，特别在大雨时要防止大水漫埂，注意田埂或栅栏周围不能出现漏洞。

二、泥鳅苗种放养

（一）放养前的准备工作

2 月下旬在稻田灌水前，每亩用生石灰 75~100 千克对水均匀泼洒，进行清整消毒。每亩施发酵过的猪粪 1 000 千克，进水经过滤入田，沟内水深 30~40 厘米，培肥水体，水的透明度为 25 厘米左右。

（二）放养数量和方法

秧苗返青后即可开始放养，每亩放 3~5 克/尾规格的鳅苗

2 万~2.5 万尾，共 70~85 千克，放养时要选择无病无伤、规格大小一致的泥鳅种。放养前需用 2%~4% 浓度的食盐水浸种 10~15 分钟，或 15 毫克/千克漂白粉溶液浸浴 20~30 分钟，以充分杀死泥鳅种苗身上的寄生虫。

三、饵料投喂

由于田中泥鳅的密度较高，应投喂人工饵料，如豆饼、蚕蛹粉、蝇蛆、蚯蚓、螺、蚌、屠宰场下脚料、米糠、豆渣、菜籽饼、麸皮等，以补充天然饵料的不足，人工配合饵料的成分：鱼粉 20%、蚕蛹粉 10%、肉骨粉 10%、豆饼 16%、菜粕 20%、麸皮 20%、鱼用无机盐 0.5%、添加剂 3.5%。7—8 月是泥鳅生长的旺季，日投饵 2 次，投饵率为鱼总重量的 3%~5%。9—10 月以植物性饵料如麸皮、米糠等为主，一般每天上午、下午各投喂 1 次，投喂量为泥鳅总重量的 2%~4%。早春和秋末 2% 左右。具体根据泥鳅取食情况灵活掌握，一般每次投饵后，以 1~2 小时内基本吃完为宜。第 1 周内不必投放饵料，1 周后每天傍晚投喂 1 次鱼用配合饵料。每次投饵量，前期投饵量以 3 小时吃完为宜，中期投饵量以 2 小时吃完为宜，后期投饵量以 1 小时吃完为宜。并根据吃食情况增减，阴天和气压低时应减少投饵量。

四、日常管理

（一）水体更换和水质调节

养殖前期，稻田水深应保持在 7~12 厘米，在水稻拔节之前露田（轻微晒田）1 次，以水稻拔节开始至乳熟期，稻田水深应保持在 6 厘米，以后灌水与露田交替进行，经常更换新水，注意检查泥鳅吃食情况和生长发育状况。在日常巡查中，如发现泥鳅浮头、受惊或日出后仍不下沉，应立即换水。

（二）饵料管理

稻田养殖泥鳅要想取得高产，除施底肥和追肥外，还应每天进行投饵。前期投饵量为鱼体重的 1%～1.5%，中期投饵量为鱼体重的 3%，后期投饵量为鱼体重的 3%～5%。主要投喂植物性饵料，如麦麸、米糠等。投饵一般在傍晚进行，一次投足。

（三）田间管理

要经常检查田埂和进排水防逃设施，以防泥鳅逃跑。严格控制稻田化肥用量，基肥应占总施肥量的 70%～80%，追肥占 20%～30%，用量过大，会影响水质，引起泥鳅死亡。

及时驱捕敌害，如老鼠、青蛙等。放养泥鳅的稻田，要做到专人负责管理。给水稻治虫时选用高效低毒农药，可按常规用药量施用，应做到喷施农药时采用灌深水，喷嘴朝上的施药方法。由于泥鳅栖息于泥中，一般来说，养殖泥鳅的稻田采取上述方法施用农药、化肥比稻田养殖其他鱼要安全得多，但必须禁止使用毒杀芬、呋喃丹以及生石灰、茶籽饼等。高温季节，田内适当加灌深水，调节水温，避免泥鳅被烫死。平时，要经常检查修复拦鱼设施和及时堵漏洞，严防家禽下田吞食泥鳅。

五、稻、鳅病虫害防治

随着近年泥鳅养殖技术的成熟，放养密度日趋增大，泥鳅病害时有发生，且一旦发生病害，死亡率较高。通常病害防治要本着"重在防治，有病早治"的原则，平时加强水质管理及投喂管理。

（一）水稻病虫害的防治

由于稻田养鱼具有除草保肥、灭虫增肥作用，水稻病虫害发生率也较低。如果水稻生长期内必须防治病虫害时，必须使用高效低毒低残留的生物农药，用药前将鱼全部赶到鱼溜，灌满田水，稻田的一半先用药，剩余的一半隔天再用药，让泥鳅在田间有较多的躲避场所。粉剂宜在早晨露水未干时喷施，水剂在露水干后使用。施药时喷嘴要斜向稻叶或朝上，尽量将药喷在稻叶上。下雨前不要施农药。次日再将鱼溜水换掉 1/3~2/3。严禁含有甲胺磷、毒杀酚、呋喃丹、五氯酚钠等剧毒农药的水流入稻田。

（二）泥鳅主要病害的防治

（1）水霉病。此病常侵害鳅卵和鳅鱼。鳅卵患此病，可用 50 毫克/升的水霉净溶液药浴 10~20 分钟。鳅鱼发生此病，可用 2~3 毫克/升的食盐水溶液浸洗 8~10 分钟。

（2）腐皮病。症状为泥鳅背鳍附近肌肉腐烂，严重时背鳍脱落，鳅体两侧浮肿，并有病斑。可用每毫升含 10~15 毫克的土霉素溶液浸洗 5~10 分钟。

（3）寄生虫病。常见有车轮虫和舌杯虫病等。一旦发生，可在稻田内泼洒 0.7 克/立方米硫酸铜或硫酸铜与硫酸亚铁合剂。

（三）捕捞上市

泥鳅具有钻入土的习性，收获时捕捞比较困难。因此，在收获时一般采取如下方法。

1. 干塘捕捞

这是一种捕捞较彻底的方法，多在年终收获时实行。先将池水抽干，在池底挖 1~2 个集鱼坑或排水沟，池水抽干后，泥鳅大部分便集中在集鱼坑或排水沟中，然后用手网捕捉。尚有少数泥鳅仍钻入池泥内，要发动人逐块检查捕捉。

2. 注水诱捕

泥鳅具有溯水逃逸的习性。捕捉时，在注水口附近的集鱼坑内铺设网片，然后，从进水口缓慢注水，在新鲜水流下，泥鳅经常聚集在注水口附近，并落在集鱼坑内，定时缓慢地抬起网片，捕捉泥鳅。

3. 香饵诱捕

泥鳅喜摄食带有香味的饵料。捕捞时，将炒米糠、玉米鱼粉混合料、炒黄豆粉、花生麸（豆麸）粉等具有浓郁香味的饵料放在鳅笼或网袋内进行诱捕，可捕到池中部分泥鳅。

4. 暂养

泥鳅捕捞后，最好放在流动的河水中暂养 1~2 天，以便排去鱼粪，恢复体力，适应远途运输并消除泥土味，提高食用价值。在河水中暂养，因河水含氧量高，可适当密养。若不靠近河流，可用水泥池微流水暂养，并安装增氧泵，防止缺氧浮头。在暂养期间，要加强值班巡视，防止水蛇、食鱼鸟钻入网箱捕食泥鳅。

第三节　稻—蟹生态种养模式

河蟹，学名中华绒螯蟹，原产于崇明岛地区，每年入冬时节，性成熟的亲蟹洄游至崇明岛附近水域进行交配繁殖。由于蟹苗的人工培育和放流增殖，中华绒螯蟹已在我国广泛分布，其中以长江水系产量最大，阳澄湖大闸蟹口味最为鲜美。

作为我国一种名贵经济水产品，稻田养殖河蟹已被水稻种植区农户普遍认可，资料显示，稻田养蟹改变了稻田种植区的农业经济结构，大大提升了水稻种植区的经济效益和生态效益。现将稻—油—蟹种养技术介绍如下，供广大水稻种植区农户参考。

一、稻田设施改造

（一）稻田选择与作垄施肥

选择水源充沛、水质良好、排灌方便、保水性强、黏性土质的稻田。稻田面积以 3~5 亩为宜。

如前述，插秧前 15~20 天，稻田需要均匀施加腐熟的基肥，如牛粪、猪粪和稻草等，然后利用机械或者人工将稻田改造成宽 60 厘米、高 45 厘米的梯形田垄，插秧前 2~3 天再整理一次。垄向依照水流方向和风向确定，正冲田和低台田垄向应顺水流方向，以利排洪和灌溉；挡风口田垄向垂直于风向，以防倒伏。

（二）开挖田间沟

作垄结束后，沿着稻田田埂内侧 50 厘米处开挖"田"字形蟹沟供河蟹活动、觅食以及避暑防寒，沟宽 1.5 米、深 0.8~1 米，面积占稻田总面积的 20% 左右，蟹沟也可分为"口""十""井"等形状，具体沟形应根据稻田大小而定。然后在稻田四角各开挖一个 3~5 米长、2~3 米宽、1.2 米深的蟹溜，沟溜形式可参看养鳖稻田。

改造后的田埂高度要求高出稻田平面 0.5 米以上，湖区低洼田的田埂应高出稻田 0.8 米以上，埂面宽 1.5 米，田埂坡度比为 1:2 左右。

（三）修建防逃设施

为防止河蟹外逃和敌害进入稻田，稻田必需建造防逃的围栏设施，而且河蟹喜掘穴而居，容易破坏田埂，应在田埂内侧用表面光滑的瓷砖、厚实的塑料膜、石棉瓦、砖墙等材料防护。

除此，田埂上也需利用尼龙网防护，要求在内侧表面衬一层薄膜，以防河蟹攀爬逃逸，并要求尼龙网掩埋田埂地面下20~30厘米，露出地面50厘米。进水口和排水口应对角设置，进水口建在田埂上，并用铁条网封住。

（四）搭设饵料台

建造饵料台以方便投喂和日常管理，方法为：在四个蟹溜中各放置一块长宽各2米的木板作为饵料台，并且用竹竿将木板四角固定，确保饵料台固定在水面下20厘米处。

二、作物种植与蟹种放养

（一）蟹沟、蟹溜消毒

在蟹种放养前10~15天，参照前述的用量，用生石灰水对蟹沟、蟹溜消毒，以杀灭水体内敌害生物和致病菌，预防疾病发生。

（二）移栽水草

稻田水体小，水温变化大，对河蟹的正常栖息生长有一定影响，因此，应在蟹沟消毒3~6天后，向沟内移栽水花生、轮叶黑藻等水生植物，栽植面积占蟹沟面积的30%~40%。水草除了作为蟹的饵料外，还可以为蟹提供蜕壳、避暑防寒的场所以及净化水质。

（三）稻秧、油菜移栽

插秧在5月中旬，秧苗移栽在垄坡上，行距约为17厘米，株距约为10厘米。稻种选择抗病害、抗倒伏、耐肥性强的中季稻。9月初，水稻收割结束后，进行二次施肥，每亩田地均匀施加腐熟的牛粪、猪粪和稻草等500千克。10月中旬，选择综合抗性较强的油菜品种进行苗种移栽。

（四）蟹种放养

稻田养蟹一般只进行成品蟹生产，每亩稻田可放养统一规格为 100～200 只/千克的扣蟹 10 千克。要求选择体格健壮、健康无伤病、活动力强的蟹种，放养前蟹种用 3%～5% 食盐水浸泡 5 分钟。由于放养的蟹种规格较小，对水稻秧苗无破坏能力，蟹种投放可以在插秧结束后 2～3 天进行。蟹苗放养时要做到"三起三落"：即先放到田水中浸半分钟左右，捞上沥干一分钟，这是第一个起落；再重复做第二个起落、第三个起落。

三、日常管理

（一）饵料投喂

蟹以水生植物、底栖动物、有机碎屑及动物尸体为食。人工养殖的河蟹喜食投喂的小杂鱼和螺蚌肉等。河蟹昼伏夜出，白天多隐藏在石砾、水草丛中，傍晚出来活动、觅食，故在人工稻田养殖时需驯化为白天摄食。驯食方法为：饲养开始阶段，在傍晚将饵料投放在饵料台上进行投喂，以后再将投喂时间慢慢提前至上午 9～10 时、下午 4～5 时。

投喂方法严格遵守四定原则（定点、定时、定量、定质），具体日投喂量视当天的天气、水温、活饵（田间杂鱼、螺蛳、水草等）等情况而定，一般以 2 小时左右吃完为宜。在河蟹生长旺季，应增加饲料投入量，并合理搭配粗纤维和蛋白质以及在饲料中掺入人工合成脱壳素，以防止蜕壳不遂病的发生。饲养过程中投放螺蛳供河蟹摄食可提高河蟹品质和降低饲料成本。

投喂还应注意：天气晴好多投，高温闷热、连续阴雨天或水质过浓则少投；大批蟹蜕壳时少投，蜕壳后多投；根据情况，可适量增加轮叶黑藻的投喂量。

（二）水位控制与水质调控

5月中旬，为了方便耕作和插秧，插秧时将水位适当提高至30~35厘米，即水位恰好没过田垄；投放苗种后，根据不同生长期水稻对水位的不同要求和蟹的生长需求，相应增减水位。每隔10天用生石灰水泼洒蟹沟一次，并定期加注新水。

（三）科学晒田与追肥

在水稻生长中期，需要进行晒田，将水位降至田面露出水面，以见水稻浮根泛白为适度。晒田结束之后，立即将水位提高到原水位。为确保河蟹能有正常的生长条件，种养期间需进行适量追肥来培养沟内水草、浮游生物等天然饵料。方法为每15天施肥一次，每次每亩施10千克腐熟的农家粪肥于环形沟中，保持田水呈黄绿色，透明度35厘米为宜。

（四）农作物病害防治

稻田中蟹可以摄食昆虫及虫卵，因此田间水稻虫害一般较少，通常可不施农药，如果病害特别严重的，每亩可用5%啶虫脒10~20克加水50~70千克喷雾以杀灭稻飞虱、叶蝉或者喷施生物农药，可有效杀灭水稻稻纵卷叶螟，同时又对河蟹无毒害作用。

施药时，可在药液中加入黏附剂，并将喷嘴贴近水稻且朝上，以让药液尽量喷在稻叶上。如果有条件，在施药的同时，让稻田内保持微流水，从而不断稀释落入水中药液的浓度，减小毒性。

（五）河蟹病害防治

河蟹的病害防治应严格遵循"预防为主，防治结合"的原则。河蟹的常发疾病有黑鳃病、烂鳃病、肠炎病等，平时要坚持巡田，观察养殖蟹的生长和活动情况，发现疾病及时采取措施治疗，河蟹常见病的诊断和治疗可参考以下方法。

黑鳃病、烂鳃病：病蟹鳃丝发黑，局部霉烂。可按照2克/立方米用量的漂白粉全田泼洒，可以起到较好的治疗效果。

肠炎病：病蟹肛门肿胀，活动力弱。用大黄、板蓝根等掺入饵料投喂，如果不吃食，可用大蒜素、三黄粉全田泼洒。

由于稻田放养河蟹密度低，经常清除残饵、污物，清洗消毒饵料台，定期加注新水，保持良好水质，河蟹一般很少发病。

（六）越冬管理

一般当年养殖的河蟹在9月底就可陆续上市，但如果放养规格偏小的当年蟹苗，年内达不到上市规格，仍需留在稻田内越冬。当水温降至10℃时，河蟹摄食量减少、活动力减弱；水温降至6℃以下时，河蟹就会钻到洞穴里面去，停止活动，即进入冬眠。

越冬前，水沟中增加种植水花生，覆盖面积约占水面的2/3，并在池底用红砖支起石棉瓦作为洞穴，石棉瓦覆盖面积约占沟底的1/3，保持水深在0.8~1.0米。除此之外，当水温在10℃以上时，适当多投饵料以使河蟹积累足够能量越冬。越冬期间，要求定期消毒、加注新水，每隔10~15天换水一次。每次换水温差不要超过3℃，以防河蟹感冒致病。

（七）注意事项

勤巡田，检查河蟹摄食生长情况以及防逃设施，严禁家禽及其他敌害进入田间吞食河蟹。稻田施药后，勤观察河蟹活动情况，一旦发现稻田中河蟹出现迟钝、昏迷等中毒现象，应立即采取加注新水、排除老水以及泼洒水质解毒剂等急救措施。

四、河蟹捕捞

9 月中旬开始陆续捕捞达到商品规格的河蟹，未达到规格的河蟹可继续留在田中养殖。捕捞的方法通常采用效果较好的地笼网捕捞，在傍晚将蟹笼或地笼网置于蟹沟内，隔天清晨起笼收蟹。

第四节 稻—蛙生态种养模式

蛙俗称田鸡、青鸡，在我国分布很广，除荒漠及北部草原外，几乎遍及我国各地，尤以长江流域分布为最。蛙又是集食品、保健品、药材于一身的药用动物，蛙肉性凉、味甘，具有清热解毒、消肿止痛、补肾益精、养肺滋肾之功效。从蛙皮提炼出的药物"几乎是无限的"，具有很高的经济价值。

近几年，随着市场对蛙的需求量日益增加，养蛙业发展迅速。根据国家大力发展生态农业的政策，我国大部分地区已经开始稻田养蛙。稻田是蛙类的天然栖息场所，适于蛙的生活和生长。同时，蛙喜食昆虫、飞蛾等农作物害虫，在稻田中养殖蛙类，既可以减少水稻的病虫害，减少施药，降低成本，又能生产绿色稻谷，进而增加农民收入。稻田养殖的蛙品种一般选择体形大、抗病力强、生长快的青蛙、虎纹蛙、牛蛙、美国青蛙、林蛙等。

一、稻田设施改造

（一）稻田选择与作垄施肥的要求与细则

内容参照稻田养鳖。

（二）开挖田间沟

因蛙类属两栖动物，稻田中的水环境与蛙类天然的生活环境很相似，所以沿着稻田田埂内侧四周开挖一条环形蛙沟就足够蛙类生活所需，蛙沟规格与要求参照稻田养鳖。

（三）修建防逃设施与进、排水系统

蛙类有跳跃的习性，为防止其跳出稻田逃逸，可利用尼龙纱网建造防逃隔离带，可将尼龙纱网埋入田埂泥土中 20 厘米，地面上纱网高 1~1.2 米，然后用竹竿在每隔 1.5 米处固定。防逃网内应留出 1 米宽埂面，供养殖蚯蚓、蝇蛆等活饵料动物。另外，再用 1 米高的黑色塑料薄膜覆盖住纱网内侧，以防蛙跳跃撞到纱网上而擦破表皮感染病菌。

进、排水系统的修建方法详见稻田养鳖。

（四）饵料台建设

为了确保饵料定点投喂以及方便收集残饵，需建造饵料台。可在四个蛙溜中各放置一块长 2 米、宽 1 米的木板作为饵料台，并且在木板两端安装塑料泡沫条，确保饵料台浮在水面上。

二、作物种植与蛙种放养

（一）作物种植技术及前期准备工作

与稻田养鳖相同。

（二）蛙种放养

为防止蛙种伤害稻株生长，蛙种投放选择在插秧结束后10~15 天进行。稻田养蛙因生长时间有限，一般都采取成蛙养殖模式，因此养殖牛蛙一般都是放养幼蛙而不是蝌蚪或种蛙，放养密度以每亩 1 000~1 500 只为宜；养殖青蛙可直接放养当年繁殖的蝌蚪或幼蛙，放养密度为每亩 1 500~2 000 只为宜。要求选择体格健壮、健康无伤病、活动力强的幼蛙入田，放养前幼蛙需用 2%~3% 食盐水浸泡 5~10 分钟消毒。

三、日常管理

（一）驯食与饵料投喂

因蛙类看不见静止饵料，自然状态下只能捕食昆虫、水蚤、鱼虾、蚯蚓、蝇蛆等活动性的动物饵料。根据此特性，人工饲养蛙必须经过人工驯食才能让其摄食饲料或其他不动饵料。训食方法为：在人工颗粒饲料中拌入活泥鳅，利用泥鳅爬行带动颗粒饲料的滚动，蛙类便误把饲料当作活饵吞入腹中。饵料投喂方法严格遵守四定原则（定点、定时、定量、定质），每天投喂 2 次，投喂时间分别在上午 9~10 时、下午 4~5 时投喂，投喂量一般以 1 小时左右吃完为宜。

为提高蛙的品质和节约饲料成本，可在稻田中安装射灯诱集昆虫供蛙捕食。具体的安装方法为：在田埂四个拐角内侧，各安装一个离地面 20 厘米的射灯，要求灯光水平射出、四盏灯灯光首尾相接。

此外，还可在田埂防逃网内侧培养活饵料动物，如堆放腐熟的牛粪、作物秸秆培养蚯蚓，利用废弃动物下脚料养殖蝇蛆，或在室内培育黄粉虫等鲜活饵料动物，在养殖规模不大的情况下，可完全依靠这些鲜活饵料和夜间诱捕昆虫供蛙摄食，这种方式更生态、更高效。

（二）农作物病害防治

稻田养蛙可大量捕食昆虫，加之夜间利用灯光的诱捕，田间虫害较少，一般可不施农药。如发生严重病害，可采用生物制剂防治，或者采用高效、低毒、低残留、广谱性的农药，减少对蛙的毒性危害。施药前最好将牛蛙诱集在蛙沟、蛙溜内进行隔离，待药效消失后，再撤除隔离。

冬眠期间，如果油菜田发生严重病害，才可喷洒高效低毒农药进行防治。同时，施用农药需选择合适的施用方法和时间，施用粉剂宜在早晨有露水时喷洒；水剂、油剂宜在晴天下午 4 时左右喷洒。下雨前严禁喷药，以免雨水将稻株上的药物冲入水中导致蛙中毒死亡。

（三）牛蛙病害防治

坚持"预防为主，防治结合"的原则进行病害防治。生长季节每 20~30 天投喂一期药饵，以防止牛蛙肠炎病发生和增强牛蛙体质。为防止水体内病菌大量繁殖使蛙发病，应定期进行蛙沟、蛙溜消毒，每天清洗饵料台。

疾病高发季节，每 10 天用 1 毫克/升的漂白粉溶液泼洒蛙沟、蛙溜一次，每 15 天换水一次。如若发现有病蛙、死蛙应及时捕捞上岸进行处理，以防传染。牛蛙常见疾病有红腿病、腐皮病及肠胃炎等，由于稻田牛蛙养殖密度低和良好的日常管理，一般很少发病。

其他蛙类病害防治方法参照牛蛙。

（四）越冬管理

当水温降到 12℃ 以下，养殖蛙便会停食冬眠，这时需进行越冬管理。在进入冬眠期前，用 1~2 毫克/升的漂白粉溶液泼洒蛙沟或者每亩蛙沟、蛙溜面积用生石灰 20 千克带水进行消毒，然后将蛙及蝌蚪集中在蛙溜中冬眠。通常情况下，蝌蚪的抗寒能力较强，有条件的话可以控制好蝌蚪的变态，提高其成活率。

蛙的冬眠期一般为 11 月到翌年 3 月，喜欢在避风、避光、温暖、湿润的环境中越冬，因此也可根据当地情况，人为创造环境条件供蛙越冬，蛙有挖洞潜伏的习性，可事先在田埂四周填充松土，铺一层软质杂草，供其掘穴冬眠。

越冬期间，蛙溜、蛙沟水位宜保持在 0.8 米以上，用草帘铺设在蛙溜上，同时池底留有淤泥 5~10 厘米高，以便潜水蛰伏淤泥越冬，定期加注新水，防止水体冰冻。

（五）成蛙捕捞

成品蛙 9 月开始便需陆续捕捞上市，捕捞一般在夜间进行，用灯光照捕，以减少蛙的应激反应。如果稻田中商品蛙被捕尽或所剩无几，需进行干田处理，为翌年稻田养殖做好准备。

（六）其他日常管理及注意事项。

参照稻田养鳖。

第五节 稻—虾（小龙虾）生态种养模式

淡水养殖虾品种较多，有青虾、罗氏沼虾、南美白对虾、克氏原螯虾等。本文主要介绍克氏原螯虾的养殖技术。

克氏原螯虾，俗称小龙虾，原产于美国南部和墨西哥北部，20 世纪 20 年代被引入日本，第二次世界大战期间由日本传入我国。因其具有适应力强、繁殖率高等特点，现已分布我国长江中下游及华南、华北等地区，尤其在长江中下游地区较多，成为归化于我国自然水体的一个物种。

近年来，小龙虾以其肉质细嫩、营养丰富等特点深受消费者的青睐，小龙虾在市场的热卖使其市场售价居高不下。另外，又因小龙虾生长快、抗病、耐高温、耐低氧，多种小龙虾人工养殖方式也逐渐兴起。实践证明，稻—油—虾种养模式具有节约成本提高经济效益等诸多优点，成为农民增收致富的好门路，现将稻—油—虾种养技术介绍如下。

一、稻田设施改造

稻田选择和设施改造的方法与要求同稻田养蟹。

二、作物种植与虾种放养

放养前准备工作和稻秧、油菜移栽技术均参考养蟹稻田进行。

一般每亩稻田可放养 25～30 只/千克的亲虾 30 千克（雌∶雄=1.5∶1），投放时间选在 5 月下旬或 6 月初的晴天进行，这时秧苗已经返青，根系发育完好，即便小龙虾在泥中穿行也不会伤害稻株；或放养统一规格为 200～250 只/千克的虾苗 30 千克，因其规格较小，对稻株没伤害，苗种投放可在插秧后 2～3 天进行。

雌雄鉴别方法：同龄亲虾雄虾个体比雌虾大；体长相近的亲虾，雄性的大螯比雌性的粗大，且雄性大螯腕节和掌节上的棘突长而明显；雄虾腹部第一游泳肢特化为交合刺，而雌虾第一游泳肢特化为纳精孔。

三、日常管理

小龙虾与河蟹同属甲壳类水生动物，生物学特性极其相似，故在稻田养殖过程中，稻田的水位控制、水质调节、追肥施药以及越冬管理等方面的日常管理与稻田养蟹基本相同，详细种养技术参照稻田养蟹。下面主要介绍几个注意事项。

（一）饵料投喂

小龙虾旺食季节，一般每天投喂 2 次，时间在上午 9～10 时和日落前后，日投喂量为虾体重的 5%～8%；其余季节每天投喂 1 次，时间在下午 4～5 时，具体日投喂量视当天的天气、水温、活饵（田间杂鱼、昆虫、水草等）等情况而定，一般以 2 小时左右吃完为宜。

（二）小龙虾病害防治

小龙虾较河蟹易患烂尾病，此病是由于小龙虾受伤、相互残食或被几丁质分解细菌感染而引起的。发病初期，病虾尾部边缘溃烂、坏死，随着病情恶化，尾部的溃烂由边缘发展到中间，最后整个尾部被吞噬。治疗方法：每亩用 10 千克左右的茶粕浸泡液全池泼洒，或每亩用 6 千克左右的生石灰对水全池泼洒，同时种养期间要投足饵料，以防因饵料不足而导致小龙虾争食、残杀。

（三）勤巡田检查

因小龙虾疾病防治不同于一般水产养殖动物，一旦患病死亡，其尸体就很快会被其周边健康虾吞食，因此而经口感染患病，出现恶性循环，故当小龙虾患病或死亡时，必须及时治疗和拣拾病虾、死虾。另外，发病期间，管理人员要随时注意消毒所用工具和及时隔离病虾，切断病原传播途径，以免交叉感染。

四、小龙虾捕捞

捕捞的方法有干田法、地笼网捕捞法。通常采用效果较好的地笼网捕捞，在傍晚将虾笼或地笼网置于虾沟内，隔天清晨起笼收虾。商品小龙虾被全部捕捞上市后，需进行干田处理，为翌年稻田养殖做好准备。

第六节 稻—鳝生态种养模式

稻田养殖黄鳝，是一种经济效益较高的种养结合生产方式，具有成本低、管理方便、疾病少、收益高等特点。稻田中丰富的天然饵料及适宜的水质为黄鳝提供了良好的生长环境，黄鳝在稻田中钻洞打穴，疏松土壤，捕食稻田中的各种水生、陆生昆虫及其幼虫，减少水稻病虫害，创造了有利于水稻生长的环境条件，可提高水稻产量。稻田养鳝，一般每亩可收获黄鳝80~100千克，增收稻谷30~50千克。

一、养鳝稻田条件

养殖黄鳝的稻田面积最好在10亩以内，应选择地势稍低、常年不干涸或容易灌水的低洼稻田作为黄鳝养殖池，且水源充足、水质良好、管理方便。要求田埂高而牢固，能保水30厘米以上。田埂四周用砖砌，或用水泥板、聚乙烯网布作为护埂防逃墙，高80厘米左右。进、排水口用混凝土砌好，架上铁丝网，以防黄鳝逃逸。在稻田四周和中间均匀开挖"田"字形或"井"字形鱼沟，沟宽40~50厘米，深60~80厘米，占稻田面积的15%~20%。

二、鳝种放养

（一）稻田消毒

鳝种放养前半个月，每100平方米鱼沟用生石灰2千克化水泼洒消毒，保持水深20~30厘米。

（二）苗种的选择

鳝种就近收购，运输时间越短越好，一般选择本地深黄大斑鳝。鳝种要求无病无伤、体质健壮、规格相近，大小以每千克40尾左右为宜。

（三）放养密度与方法

稻田插秧结束后应及时放养鳝种，待水稻移栽后，秧苗返青，保持鱼沟内水质透明度25~30厘米，田面3~5厘米水深。每亩放养规格30~50尾/千克的鳝种50千克左右，一次性放足。同时套养5%的泥鳅，利用泥鳅上下蹿动可增加水中溶氧。鳝种放养时用3%食盐液浸洗消毒，以防黄鳝"感冒病"、水霉病和防止将病原体、寄生虫带到新的环境。此外，还应注意水温相差不能超过 2~3℃。

三、驯食与饵料投喂

鳝鱼喜食鲜活蚯蚓、小鱼虾、黄粉虫、蚕蛹、蛆虫等动物性饵料，但养殖中大量的鲜活饵料难以保证供应，必须及早驯食。一般在苗种放养后 20 天，已适应新环境后开始。方法是早期用鲜蚯蚓、黄粉虫、蚕蛹等绞成的肉浆，按 20% 的比例均匀掺入黄鳝专用饵料中投喂，驯食 5 ~ 6 天。驯食成功后，可逐渐减少动物性饵料的配比。黄鳝有昼伏夜出的摄食习性，饵料投喂一般在傍晚进行，坚持"四定"原则，即定时、定点、定量、定质。天阴、闷热、雷雨前后，或水温高于 30℃、低于 15℃ 时，要适当减少投喂量；天气晴好，水温在 15 ~ 28℃ 时，是黄鳝旺食旺长的好时机，要及时适当地增加投喂量，以第 2 天早上不留残饵为准，投饲量为黄鳝体重的 2% ~ 4%。另外，在稻田中可装日光灯，既便于观察鳝鱼活动，又能引诱昆虫供黄鳝摄食，增加黄鳝的肉食性饵料。

四、日常管理

（一）水稻栽培

水稻应选择生长期长、抗病害、抗倒伏的品种。移栽时推行宽行密植，行距约为 20 厘米，株距约为 10 厘米。水稻移栽前要施足基肥。

（二）水位调节与水质管理

在水质管理上要根据水稻各生长期的需水特点，兼顾黄鳝的生活习性，坚持早期浅水位（5 ~ 10 厘米），中期深水位（15 ~ 30 厘米），后期正常水位，基本符合稻、鳝生长的需要。搁田期内，鱼沟要保持 50 厘米左右水体，并要经常换水，保持水质清新，溶氧丰富。夏季成鳝池的水质酸碱度以 pH 值 7~8 较适宜，如果池水长时间呈酸性，可以向池内泼洒生石灰水进行调节。

（三）饵料管理

饵料一定要新鲜，切忌投喂变质、腐臭饵料，以免黄鳝吃后患肠胃病。夏季黄鳝生长快，要尽量多喂螺蚌肉、鲜蚯蚓和蝇蛆等动物性蛋白饵料，并改平时一天喂一次为每天两次，分别在上午 9 时以前和下午 6 时以后较凉爽的时间投饵，投喂量以黄鳝当天吃完为宜。应及时捞出剩余饵料，以防污染池水。

（四）搞好防暑降温

最适合黄鳝生长繁殖的水温为 21~28℃，夏天阳光暴晒易使黄鳝中暑。可在池子四周种植南瓜、丝瓜、葡萄等攀援植物或用稻草搭棚遮阳，也可在鳝池水面投入适量浮水植物，如水葫芦、水浮莲、浮萍等遮阳（但面积不能超过池子的 1/3），还可采取换水调温，高温季节加深水位 15~20 厘米，利于黄鳝生长，即在盛夏把水位加高，并采取更换表层水来平衡田水温度。有条件的可采用整日微流水的方法降温，效果更佳。

（五）严防鳝鱼逃跑

坚持早、晚巡查，观察黄鳝生长情况，要特别注意检查水位深浅、池壁池底有无裂缝以及排水孔网罩是否完好，及时排除隐患，采取相应措施，注意清除敌害。黄鳝在暴风雨天气下逃跑，此时尤其要注意做好防逃工作。

（六）防止黄鳝浮头

在正常饲养条件下，如出现一般性浮头，说明放养密、投饵多、黄鳝生长旺。但在天气闷、阴雨天、水质严重恶化、水面出现气泡等情况下，或早晚巡塘时发现黄鳝受惊跳动、群集水面、散乱游动，则说明是严重缺氧，必须迅速处理。对轻度浮头，只需立即注入新鲜水增氧即可，但千万不能在傍晚注水，以免造成上下水层对流反而加剧浮头。暗浮头多发生在夏季和秋初，由于症状轻，不易察觉，如不及时注水预防，易发生泛田死亡。对天气、水质突变引起的浮头，只要减少投饵，将饵料残渣及时捞出，从速注入新水即可解决。

五、稻鳝病虫害防治

（一）水稻病虫害的防治

由于稻田养鳝具有除草保肥、灭虫增肥作用，因而水稻病虫害发生率也较低。水稻生长期内不得不防治病虫害的，必须使用高效低毒低残留生物农药，用药前将鳝鱼全部赶到鱼溜，灌满田水，稻田的一半先用药，剩余的一半隔天再用药，让黄鳝在田间有多一点躲避的场所。粉剂宜在早晨露水未干时喷施，水剂在露水干后使用。施药时喷嘴要斜向稻叶或朝上，将药喷在稻叶上。下雨前不要施农药。翌日再将鱼溜水换掉1/3~2/3。严禁含有甲胺磷、毒杀芬、呋喃丹、五氯酚钠等剧毒农药的水流入稻田，防止农药对黄鳝产生不良影响。

（二）黄鳝病害的防治

（1）细菌性皮肤病。5—9月为流行期。病鳝体表出现大小不一的红斑，呈点状充血发炎，腹部两侧尤为明显；且游动无力，头常伸出水面；病情严重时，表皮呈点状溃烂，并向肌肉延伸而死亡。此时，应及时更换田水并用生石灰清田消毒。对已发病的黄鳝，可按每50千克黄鳝用磺胺噻唑0.5克与饵料掺拌投喂，每天1次，5~7天为一个疗程。

（2）水霉病。多因黄鳝体表受伤后感染所致，肉眼可见病鳝伤处长霉丝。此时，应立即加注新水，并按每立方米水体用小苏打20克加水溶化后全田泼洒。

（3）发热病。多因黄鳝饲养密度过大，鳝体表面分泌的黏液在水中积聚发酵，导致水温急剧上升而引起。此时黄鳝相互缠绕，极易造成大量死亡。防治方法是：在田内混养少量泥鳅，通过泥鳅上下蹿游防止黄鳝缠绕；立即更换新水。

（4）锥体虫病。6—8月为流行期。病鳝大多呈贫血状，鳝体消瘦，生长不良。防治方法是：用生石灰清田，清除锥体虫的中间宿主蚂蟥（水蛭）；用2%~3%的食盐溶液或0.7毫克/升硫酸铜、硫酸亚铁合剂，浸洗病鳝10分钟左右，均有疗效。

六、捕捞上市

当黄鳝个体重达60~100克时即可捕捞上市。秋季可用细密网捕捞；晚秋、冬季和早春可采用灌水篓网诱捕，或排水搁田集中捕捉，尽量不伤鳝体，并注意捕大留小，以便为翌年饲养留有足够的鳝苗。

第七节 稻—鸭生态种养模式

稻—鸭生态种养模式是指在水稻活蔸后至抽穗灌浆期间将雏鸭放入稻田中与水稻共同生长，使稻田中光、热、水、土、气等资源得到充分利用，双方互惠互利，生产出无公害高效益的稻鸭产品的生态种养模式。该模式起源于中国明朝，在日本发展成熟，随后在亚洲得到推广。稻—鸭生态种养不仅能够生产出绿色无公害的大米和鸭肉，促进农业生产的良性循环，带来巨大的社会、经济、生态效益，也是粮农增收的有效途径。

一、稻—鸭生态种养模式的意义

传统的稻作模式种植作物单一，且生产成本高，即使增加稻田复种指数也难以获得可观的经济效益，因此导致农民生产积极性不高，稻田利用率低，资源得不到有效的利用。且大量的化肥投入，使得土壤循环持续恶化，同时田间的杂草和害虫必须通过大量的除草剂和农药加以处理，既造成了资源的浪费，而且严重地影响了生态环境。而实行稻—鸭生态种养，由于鸭子可以采食田间杂草、浮游动植物和害虫，鸭粪亦可以肥田，据相关研究，一只鸭子在稻鸭共生的两个月间可排泄湿重达 10 千克的粪便，相当于氮 47 克、磷 70 克、钾 31 克，并还含有丰富的有机质。同时，鸭子在稻田中频繁活动能刺激水稻生长，起到中耕、混水、增氧的作用，减少了温室气体的排放；水稻又为鸭子遮光避敌，提供栖息活动的场所。使各种资源变废为宝，提高品质和效益，改善和保护生态环境，促进土壤的良性循环，提高了稻田资源利用率和产出率。

二、技术要点

一般在水稻移栽分蘖后可放入鸭龄为 10~20 天的雏鸭，早稻由于前期气温较低，可以放养 15 日龄以上的鸭子，晚稻田可早些放养。鸭子数量根据田间野生动植物多少而定，每亩水稻田放养 10~20 只较为适宜，一般 80 只左右为一个群体。鸭子可白天在稻田中生长，晚上赶回，也可以 24 小时在稻田中生长，但需在稻田旁建设简易鸭棚，每天早晚补喂一定的饲料，在水稻抽穗灌浆前及时捕获鸭子，达到稻鸭双丰收。

（一）田块选择

选择土壤肥沃，水源充足，水质良好，易于灌溉，方便管理，面积较大或连成一片的水稻田。

（二）稻田种养前的处理

（1）首先是对稻田起垄，便于鸭休息与饲喂及管理等。

（2）施足基肥，施用常规栽培 60%～70% 的肥量即可，一般以长效复合肥和农家有机肥为主，一次性施足纯氮 10～11 千克、五氧化二磷 5～6 千克、氧化钾 10～11 千克。

（3）对田埂进行加高加固处理，挖好排水沟，便于排灌；在简易鸭舍旁需开挖鸭舍大小的蓄水池供鸭子在旱季时活动。

（三）水稻品种的选择

一般选择抗性强，高产稳产优质，分蘖能力强，株高适中的水稻品种。早稻选用湘早籼 31 号、中优早 12 号、香两优 68 等；晚稻选用湘晚籼 9 号、湘晚籼 12 号、培两优 288、金优 207 等品种。同一品种避免多年连作，以防止病害的生理小种危害，提高品种抗性。由于鸭子在田间活动会给水稻苗造成一定的损伤，因此在移栽时可增加每穴苗数 2～4 棵。要适时播种移栽，培育壮秧。早、晚稻种子要用强氯精消毒，晚稻种子每千克用 2 克烯效唑拌种，可有效控制秧苗徒长。

（四）围栏和简易鸭舍的设置

为了防止鸭子逃跑和天敌（鼬、蛇、鹰、狗等）对鸭子的侵害，需在稻鸭种养区设置围栏，一般用尼龙网（网眼≤2 厘米×2 厘米）在田埂上设置 0.8～1 米高度的围栏，经济条件允许也可使用专用的脉冲通电栅栏。若鸭子 24 小时在田间活动需设置简易的鸭舍供鸭子休息和便于投放饲料。可设在田埂边上，一般按每 10 只占 1 平方米为宜，高度 1.5 米左右的简易棚。在简易棚的一边制成一个食台。鸭舍顶用稻草、编织袋或石棉瓦等遮盖，鸭舍最好用木条、竹条等搭建，这样能保证鸭舍的干燥和通风。

（五）鸭的品种选择

鸭子品种的选择是稻鸭共作技术的重要组成部分，可根据实际要求选择全能型鸭或役用型鸭，要求鸭子具有体形小、杂食性、集群性等特点，如果是自己培育鸭苗要把握"谷浸种，蛋起孵"，也可在水稻插秧前 3~5 天购买鸭苗，可选用本地麻鸭或野鸭雏鸭。我国最适于稻田放养的鸭种有绿头野鸭、绍兴麻鸭、湖南攸县麻鸭、福建金定麻鸭、湖北荆江鸭、贵州三穗鸭、四川建昌鸭、江西大余鸭和巢湖鸭等。这些鸭属中小体形，成年鸭每只体重 1.25~1.5 千克，在放养稻苗间穿行，活动灵活，食量较小，成本较低，露宿抗逆性强，适应性较广，公鸭生长快，肉质鲜嫩，母鸭产蛋率高。

（六）鸭的饲养要点

（1）雏鸭饲养。雏鸭出壳 20 小时即可直接用饮水器饮水。"开食"在饮水后 15 分钟左右进行。将雏鸭放到塑料布（或草席、篾席）上，先洒点水，略带潮湿，然后放出小鸭，饲养员一边轻撒饲料，一边吆喝调教，引诱雏鸭啄食。这时务必细心观察，要使每只鸭子都能吃进一点饲料，但也不能吃得太多，六七成饱就可以了。10 日以内的雏鸭每昼夜喂料 6~7 次，其中晚上喂 2 次，饮水置于饮水器内，昼夜不断供应。在舍饲期内，每只雏鸭应投 50 克左右的雏鸭配合料。为提高雏鸭觅食青草的能力，可自 1 周龄后在饲料中加入青菜。在鸭子孵化后到大田放养前，饲喂颗粒饲料。

（2）鸭子的田间饲养。每天喂食以呼唤、吹哨或敲击声进行驯化，建立条件反射，以利于管理。鸭子放入大田后，每天每只用稻谷、玉米等谷物类饲料 50~100 克饲养，同时可添加饲料草（如绿萍）和其他鸭子喜食的水生动物。产蛋期每天每只用稻谷、玉米、饲料草等谷物类饲料 100 克饲养。大田饲养期间，饲料用量适中，严禁使用发霉发臭饲料和发臭生蛆的动植物残体饲养鸭子。投放饲料时要逗鸭，可以减少收鸭时的困难。投放饲料一定要注意定时，一般以傍晚鸭子回鸭舍时为宜。其他时间投放饲料，不利于鸭子主动积极地到田间取食，特别注意不宜在早晨投放饲料。

（七）水稻田间水浆管理

掌握返青期灌深水，分蘖期灌浅水，孕穗期浅水勤灌，抽穗期保持足水，乳熟期薄水轻搁，黄熟期灌跑马水的灌水要点。鸭放养前采取浅水管理，促进早活苗返青。鸭在稻田觅食活动期间，田间保持水层以利鸭活动。考虑鸭子要戏水、觅食及抑制杂草等，放鸭期间要求田间持水 8 厘米左右，栽后 5~7 天适当调整水层，以利于放鸭，以鸭脚没入水中为宜；鸭舍旁需开挖 50~60 厘米深的蓄水池，供鸭子在旱季活动。稻田养鸭要做到鸭在水稻全生育期都下田，必须做好配套工程。一是要有支撑全时段稻鸭耦合的多沟设施及控制技术。在稻田中建造永久性或季节性小型沟壑设施促进鸭在田间捕食，每隔 5~8 米开一条沟并保持沟中有水，无论在水稻生长中期或后期鸭群都能正常下田运动。鸭捕食有"一口料一口水"或"连汤带水"的特点，水稻生长中后期稻田经常阶段性断水，鸭群下田不能正常捕食，停留在田埂，出现稻鸭耦合时序断档。在促进水稻正常生长前提下，发明稻田生态沟，保持沟中有水，鸭群正常捕食，全田运动，解决了水稻生长中后期鸭群不下田的难题。二是要有支撑全空间稻鸭耦合的稻加鸡鸭种养方式及控制技术。水稻中后期群体数量与质量增大，鸭个体也相应增大形成的双向顶压效应，是导致鸭群在水稻生长中后期惰于下田的主要原因。采用 5 月中旬放青年鸭、6 月下旬放青年鸡及雏鸭，分三批分别适应水稻生长前期的低群体数量与质量、水稻生长后期的高群体数量与质量，解决水稻生长中后期群体太大与鸭群个体太大导致顶压，保证鸭群正常下田。青年鸭与成年鸭在稻田运动需克服陷泥、稻株顶压两大阻力，但鸭个体增重与水稻群体增大在水稻生长中后期刚性发展，鸭群不能正常进入田间，停留在田埂，出现稻鸭耦合空间矛盾。针对稻鸭耦合矛盾，研究人员发明一季水稻一批鸡、两批鸭的种养方式，并适时投放与回收，辅以青年鸡防控水稻冠层虫害，解决了水稻生长中后期鸭群不能在稻田运动的难题。三是要利用大型鸭群大范围捕食、排泄鸭粪产生有机肥与生物源杀菌剂为作物施肥、防除病虫的生态技术。研究人员发现，从鸭粪中提取的铜绿假单胞菌株原液对水稻纹枯病菌、水稻细菌性条斑病菌有抑制作用，与井冈霉素复配后施用于水稻植株效果更佳。其原理是铜绿假单胞菌可产生吩嗪-1-竣酸、藤黄绿脓菌素、2,4-二乙酰藤黄酚等多种活性物质，对水稻纹枯病菌、水稻细菌性条斑病菌有抑制作用。由于鸭粪能同时对真菌性病原、细菌性病原产生抑制作用，与大多数单一的化学农药比较，其抑菌谱更广，可同时作用于多种靶标。研究人员发明的稻加鸡鸭种养分三批投放技术保障了全生育期通过搅泥、排粪不断释放土壤养分、增施鸭粪，解决了水稻生长中后期稻田土壤养分释放不够、病害控制源减少的问题。

（八）水稻病虫害防治

鸭子的捕食和不断穿行改善了田间通风透光条件，绝大部分病虫杂草都可控制在防治指标以下。稻鸭共作田前期的病虫草害基本不需要用药控制。但稻纵卷叶螟、稻蝽象、稻瘟病等暴发时，可用生物农药进行防治。后期三化螟卵块产于植株叶片中上部，稻纵卷叶螟主要在叶片中上部为害，而此时植株已较高，鸭子作用削弱，可采用频振杀虫灯诱杀，一般每50亩安置一盏频振杀虫灯，或用生物农药防治。

（九）鸭病防治

鸭舍应经常进行卫生消毒工作，消灭病原微生物，切断疾病传播途径，控制疫病蔓延。疫病、中毒、中暑是严重影响鸭成活率的三大主要因素，只要发生任何一项未能及时控制，都会引起鸭子的大批死亡甚至全军覆灭。因此对于鸭疫病、中毒、中暑的预防、控制和治疗是直接关系稻鸭共作成败的关键技术。在幼鸭孵化出壳的当天接种鸭病毒性肝炎疫苗，而后按要求进行接种鸭瘟二联疫苗和禽流感疫苗防疫。

（1）鸭病毒性肝炎。无母源抗体的 1 日龄雏鸭（种鸭无免疫鸭肝炎），用鸭病毒性肝炎疫苗 20 倍稀释，每只 0.5 毫升肌内注射。有母源抗体的 7~10 日龄雏鸭皮下 1 毫升注射。

（2）鸭瘟。鸭瘟弱毒苗 10 日龄首免，40 倍稀释，每只 0.2 毫升肌内注射。60 日龄进行二免，每只 0.5 毫升肌内注射。

（3）禽流感。用禽流感 H5+H9 二价或 H5 单价灭活苗，10~15 日龄每只皮下或肌内注射 0.3 毫升。60 日龄进行禽流感二免，每只肌内注射 0.5~0.6 毫升。

（4）预防细菌性疾病。雏鸭舍饲期内饲料中加入预防药品，连续用药 3~4 天停药 2 天，间断用药。雏鸭前 3 天的饮水中加入 50 毫克/千克的恩诺沙星或庆大霉素。

（5）防中毒、中暑技术。首先要勤检查，一查四周田埂是否漏水漫水，增高加固田埂，堵塞缺口漏洞；二查田间腐尸，及时清除鱼、雀、鸭等动物尸体。其次要及时隔离，将中毒区内的鸭子赶上来，放养于清洁的环境中，防止继续接触有毒物质。防止鸭中暑的关键是保持田间合适水层。实践证明，只要田内始终保持 10 厘米左右的水层，引起鸭子中暑的可能性就很小。

以上介绍的几种多熟制稻田生态种养模式，对于水产禽类病害的防治，除书中所述各养殖动物具体的主要病害防治方法外，还可在稻田养殖生长的全过程中，采用生态安全的预防和防治相结合的措施进行有效管理。此处，介绍一种新型的效果明显的养殖业用生态型消毒剂。该消毒剂既达到防治真菌、细菌性病害的目的，又可对养殖动物（畜禽、鱼类等）提高其抗病能力，防止疾病的传播；保证养殖动物正常生活不需转场，可直接在所养殖的场所（如池塘、农田、禽舍）及运输机械和器具上消毒使用；杀灭养殖动物环境中和与之接触的物体上的病菌，效率高。这是一种养殖业用中草药消毒剂，主要成分为中草药提取液，所述中草药提取液占所述消毒剂的质量百分含量>95%，其中中草药提取液由以下组分组成：大蒜提取液 25%～35%、鱼腥草提取液 15%～25%、马齿苋提取液 15%～25%、艾叶银杏青蒿提取液 9%～15%、松树枝叶提取液 10%～20%，且各种提取液的质量百分含量之和为 100%。各成分提取液的获取：以上各植物新鲜洗净除杂（大蒜瓣、鱼腥草全株、马齿苋植株地上部、艾叶茎叶、银杏叶片、青蒿植株地上部、松树松针），捣碎或用制浆机打成浆料后，分别放入蒸馏水或 70%～75%酒精中浸提（其中大蒜、鱼腥草用蒸馏水，马齿苋、艾叶、银杏、青蒿、松针用酒精提取有效成分），提取温度 30～50℃，浸提时间 3～5 小时；过滤各浸提液，分别贮藏备用。将提取好的各植物源备用液，按比例进行混合；即按大蒜：鱼腥草：马齿苋：艾叶银杏青蒿：松枝叶为：3：2：2：1.5：1.5，将 5 种提取液混合摇匀，制成消毒液。使用时，将消毒剂原液用 30～50℃的温水按 50 倍稀释（如取 400 毫升混合好的提取液，加入约 20 升的洁净水即可），搅拌均匀后，进行喷施消毒灭菌。不用时，各提取液低温下避光储存备用。此法利用了各中草药中活性成分的不同功效，进行合理的配伍，杀菌抗菌、抗病毒效果明显，具有广谱和增效作用，在养殖业生产上使用安全可靠。

第八节 稻—鱼生态种养模式

一、稻鱼模式特点

(一) 稻田养鱼的优势及特点

稻田养鱼，鱼以浮游生物和田中杂草为食，不但不与水稻争肥，其粪便还是水稻可利用的优质有机肥料；稻田里养鱼，在水中生活或掉入水中的害虫可被鱼捕食，从而减轻水稻受害的程度，减轻化学农药的使用量，减缓空气污染物对农田环境的污染，是生物防治的措施之一；稻田养鱼还能够起到改善农田环境，维持生态平衡的作用。因此，稻养鱼、鱼养稻，稻米之田变成了"鱼米之田"，其优势和特点表现为以下几方面。

第一，稻田养鱼可以促进水稻增产。稻田养鱼是一种内涵式扩大再生产，是对国土资源的进一步挖掘和利用，在无需额外占用耕地的条件下生产水产品。大量实践表明，发展稻田养鱼不仅不会影响水稻产量，还会促进水稻增产，养鱼的稻田一般可增加水稻产量 5%~10%，较高的增产 14%~24%。

第二，稻田养鱼可为社会增加水产品供应，丰富人们的"菜篮子"。在江苏、四川、贵州等地，稻田养鱼已成为当地水产养殖的主要方式之一。稻田养鱼这种生产方式能够做到均衡上市，对于稳定水产品供应，平抑市场价格，满足"菜篮子"需求，改善人们膳食结构起到重要作用。尤其是在一些水资源缺乏且交通闭塞的地区，发展稻田养鱼，就地生产，就地销售，可有效地解决这些地区长期"吃鱼难"的问题。

第三，稻田养鱼可以使农民增收。稻田养鱼既增粮又增鱼，稻田可少施化肥、少喷农药，节约劳力，实现增收节支。据研究，一般养鱼稻田每亩可使农户增加收入 220 元，实施高标准的稻鱼工程进行稻田养鱼，每亩可增加收入 350 元。利用稻田养殖名特优水产品及进行稻—鱼—菇三元复合养殖，每亩稻田增收可超过千元。

第四，稻田养鱼促进了生态环境的优化，增强了抵御自然灾害的能力。稻田养鱼，相应加高加固田埂，开挖沟凼，大幅增加了蓄水能力，有利于防洪抗旱。在一些丘陵地区，实施稻鱼工程，每亩稻田蓄水量可增加 200 立方米，大幅增强了抗旱能力。对一些干旱较多的缺水地区，养鱼的稻田由于蓄水量大，可以有效地延缓旱情。稻田养鱼对环境的改善作用还表现为良好的灭虫效果。据试验研究，养鱼的稻田比不养鱼田蚊子幼虫密度低 80%，稻田养的鱼食用了大量的蚊子幼虫和螺类是主因，由此，可降低疟疾、丝虫病及血吸虫病等严重疾病的发病率。

（二）稻田养鱼的模式规范

我国稻田综合种养主要是在传统稻田养鱼的基础上发展演变过来的，稻田养鱼适应性比较广，平原湖区、山区、丘陵岗地等有分布，除了平原高产稻田外，梯田、山垄田、烂泥田（冷浸田）等均可养鱼。因此，稻田养鱼的田间工程复杂多样，可因地制宜开挖田间工程。目前，规模化生产上多采用在稻田中挖鱼沟、鱼溜或鱼凼，在进出水口设置鱼栅的方式进行，在冷浸田可采用垄稻沟鱼模式。

实际生产中有单季稻养鱼、双季稻养鱼，也有冬闲田养鱼，单季稻养鱼，多在中稻田进行，从 5—8 月，生长期约110 多天，此时正是鱼的生长旺季，若养水花（草鱼），应于秧苗返青后鱼开口时放入，8 月可长到 7 厘米左右；若养成鱼，应放 10 厘米以上的大鱼种。单季稻养鱼应尽量争取早放，延长生长期。双季稻养鱼可把鱼坑挖大，挖深 1~2 米，准备第一次割稻时放鱼进坑继续暂养；第一次放鱼在秧苗插后返青时，把鱼苗放入田坑中，随着加深水位，鱼苗由坑走向沟，由沟走向大田，实行满田放养，一直养到割谷为止。割谷前稻田降低水位，让鱼进鱼坑继续养殖，如果鱼坑不够用，可将鱼转塘养殖；第二次放鱼在割谷后，清整稻田时，要施足基肥，进水插秧，秧苗返青后，投放大规格的罗非鱼及草鱼苗种。冬闲田养鱼，可在秋季稻谷收割后，割稻时，留长茬，只割稻穗，接着灌深水，加高水位 60~150 厘米，深茬在池水浸泡下，逐渐腐烂，分解为鱼和浮游生物的饵料，就田养殖；在冬闲田里不能放养罗非鱼和淡水鲳，因这两种鱼不耐低温，放入田中会被冻死，其他鱼也要加强防寒防意外，冬天温度低时可在避风处水面盖芦席，防风保暖。

二、稻鱼技术要点

（一）稻田选择

养鱼稻田的选择标准为：一是要求土质好，具体指标有保水力强、无污染、无浸水、不漏水、土壤肥沃、呈弱碱性、有机质丰富；二是水源好，具体指标有水质良好无污染、水量充足、有独立的排灌系统（抵御旱涝灾害能力强）；三是光照条件好且附设遮阴条件，选择光照充足的田块，并在鱼沟、鱼凼上方搭建棚架，在夏季降低 35℃ 以上高温对鱼的伤害。另外，还可考虑选择空气新鲜、生态环境好的地区，为进一步建立有机稻鱼体系打好基础。

（二）稻田改造

养鱼稻田田间工程建设标准主要体现在以下几个方面，一是完成好田埂的加固和修整，加高、加宽和加固田埂，一般要求田埂高 20 厘米以上，捶打、夯实，并在其上安插拦鱼网，有条件的可利用混凝土硬化田埂，形成"禾时种稻、鱼时成塘"的田塘优势，土埂则采用加宽的田埂种植小米草、苏丹草等草食鱼类的青饲料。二是挖好鱼沟、鱼凼，在田埂内侧四周及田中心挖出宽度为 30~60 厘米、深度为 30~60 厘米的环田鱼沟，鱼沟间相互连通，在各鱼沟交叉点形成鱼溜，在相对两角设置进、排水口，并在进排水口处设置拦鱼栅，下端插入硬土中 30 厘米，上部比田埂高出 30~40 厘米，网的宽度比进排水口宽 40~60 厘米；设置一定面积的鱼凼，占稻田面积的5%，由田面向下挖深 1.5~2.0 米，由田面向上筑埂 30~50 厘米，每个鱼凼面积最好在 30~200 平方米，鱼凼位置以田中央或北端为宜，鱼凼是关键性设施，最好用混凝土修筑，确保牢固度和可靠性；还可用遮阳布在鱼溜上方设置高 2 米左右的遮阳棚。三是土壤培肥，一般按每亩均匀施撒经沤制发酵腐熟的农家肥 1 500 千克左右，深耕整地后备用。

（三）稻田消毒

在水稻移栽前对稻田进行清田消毒，一般撒施适量的生石灰或漂白粉，消除有害生物，消灭病原菌。插秧时按鱼沟、鱼凼水体容量计算施用，施用生石灰 200 克/立方米或漂白粉 20克/立方米，用水溶解后均匀泼洒，消毒后 7~10 天后方可放鱼。

（四）水稻种植与管理

一是合理栽插密度。在独立的水稻种植区，小田块一般进行人工插秧，栽培方法有点插法和垄植法，常采用宽行距和窄株距的方式，行向多为通风透光性好的东西向，点插法的行距一般为 26~30 厘米，株距 13~16 厘米，插足基本苗，每亩常规稻 4 万~5 万苗、杂交稻 2 万~3 万苗；垄植法是通过抬高田面做垄后在垄上种植水稻的方法，垄宽 26~106 厘米不等，不同垄宽栽插行数不等。垄宽 26 厘米插 2 行、52 厘米插 4 行、

66 厘米插 5 行及 106 厘米插 8 行。大田块可采用机插秧。二是把控稻田施肥关。施肥原则是施足底肥、控制追肥，以有机肥为主的条件下，可在整田前亩施氮磷钾复合肥 10~20 千克，底肥充足的条件下一般无须追肥，即使追肥，最好使用有机肥，常采用少量多次的方法，每次亩施尿素 3~5 千克，并且在追肥前应排浅田中水层，促使鱼集中到鱼凼中，等待肥料被稻根或田泥吸收后再恢复深水灌溉。三是科学使用农药防治水稻病虫害。应选择高效微毒农药，螟虫常用阿维菌素等防治，纹枯病和稻瘟病最好用井冈霉素和富士 1 号等防治，严格按说明以常量施用。四是科学管水。有效分蘖期适当浅灌、促进水稻形成较多的有效穗，其他时期可适当灌深水，以利鱼的活动，促使鱼、稻生长两旺。灌浆中后期适时排干田间水分，促进灌浆结实、改善稻米品质。

（五）鱼的放养与管理

（1）合理品种搭配，把好鱼苗种放养。一般在秧苗返青后，选择体重为 50~150 克、体质健壮的草鱼和鲤鱼等品种的鱼苗，将其置入 3%~5% 的食盐水中浸泡消毒 10~15 分钟，捞出后放养在挖制的环田鱼沟和"十"字形鱼沟内，放养密度为 7.5~10 千克/亩。

（2）科学投放饵料，把好鱼的饲养关。稻田养鱼前期以萍、划、虫等天然饲料为主，后期以商品饲料为主，鲤、草鱼均属杂食性鱼类，人工饲料以米糠、麦麸、豆饼、菜籽饼、小麦等杂粮为主，也可投喂经过发酵的禽畜粪肥（以沼液为好）和青草，具体饲料品种依据鱼的品种和发育生长时期确定。生长前期每隔 7~10 天投放一次，生长旺季增加到日投 2 次，上午 8~9 时、下午 4~5 时，投量以食完为标准。

（3）"以防为主、防重于治"，把好鱼病防治关。在鱼种放养时，必须用食盐水浸泡，避免外源病原随鱼体进入养殖稻田，引发鱼病。高温季节，按每 15 天用 10~20 毫克/升生石灰或 1 毫克/升漂白粉沿鱼沟、鱼凼均匀泼洒 1 次，或将上述两种药物交替使用，以杜绝细菌性和寄生虫性鱼病。发现水质转黑或变浓绿，鱼类有狂游、独游、团游现象，食量下降、日出后浮水不下等征兆时，应及时缓缓排水，将鱼逐渐赶到鱼沟、鱼溜内，待鱼沟内的水位同田面相平时，停止排水。捞出几尾病鱼进行初步诊断，对症施药，细菌性疾病如肠炎、烂鳃等病，按鱼沟、鱼溜水量计算，可按每亩用菌毒克 133 克，充分溶解后，用水稀释 300~500 倍液后全沟（溜）均匀泼洒；寄生虫引起的疾病，施用水虫清 0.2~0.3 克/立方米，全沟泼洒；施药 2~3 天后，向稻田灌水、复原水位。

（六）捕捞收获

捕鱼前一周，先疏通鱼沟，清除淤泥，然后缓慢放水，选择夜间排水，天亮时排干，使鱼全部集中在鱼沟、鱼溜中，使用小网在排水口就能收鱼，气温较高时，选择早、晚凉爽时间捕捞上市。

三、稻鱼模式的应用

（1）防逃。进排水口、田埂的漏洞、垮塌，大雨时水漫过田埂等都易造成鱼苗的逃逸，因此，养殖鱼类的稻田都要加高加固田埂，扎好进排水口。

（2）防缺氧。在稻鱼共养过程中，要经常加注新水，特别是在高温季节中，要加深水位，防止缺氧浮头，并做好每日巡视田块、检查摄食状况等。

（3）加强水分管理，解决好水稻浅灌、烤田与养鱼的矛盾。插足基本苗，通过有机肥底施以防止无效分蘖发生过快，采用轻烤田即白天排水夜间灌水的方式烤田，确保稻鱼生产双赢。

（4）解决好追施化肥与养鱼的矛盾。一般条件下不主张追施化肥，确需施用化肥保水稻产量时，应做到整体分区分段管理，先将鱼赶到分隔开的一段，薄水条件下追施化肥2天后，将鱼往回赶、交叉进行。

（5）解决稻田施用农药与养鱼的矛盾。虫害可采用灯光诱杀和生物防治相结合，病害采用生物农药预防，或选用高效微毒、无残留、不影响鱼生长发育的农药品种防治；草害则选择放养一定量的草食性鱼种加以解决。

（6）防鸟。前期结合稻田养萍，浮萍起到一定掩体遮挡作用而防鸟害；挖好鱼溜、提升水位，结合搭棚防鸟；安装水流动力驱鸟发声器；安装防鸟网或防鸟带。

第九节 稻—螺生态种养模式

一、稻螺种养模式特点

（一）稻螺种养的优势及特点

稻螺混养不仅可以净化水质，还可以增加收入，后续增加鱼苗投放时，起到增加水体溶氧量的作用。稻、鱼、螺在稻田共生共存，形成一条生态循环链，有效促进田螺增产提质。

（1）田螺具有除草的作用。田螺常以泥土中的微生物和腐殖质及水中浮游植物、幼嫩水生植物、青苔等为食。喜食水田里的杂草和水面浮游植物。

（2）增肥。田螺排泄物可增加土壤有机肥、节省施肥量。养螺的稻田土质泛黑肥沃，质地明显改善。

（3）增强水稻抗逆性。稻田养螺可以大量施用或不施用无机肥料，水稻植株健壮挺拔，增强了对病虫害及不良环境的抗性。

（4）增加效益。稻螺共育、互利共生，稻螺共生田平均亩增收 1 500 元左右，市场行情好时，每亩可增收 2 000 元以上。

（二）稻螺共生的模式规范

稻螺种养模式简单易行，传统粗放的稻田养螺有平板式稻螺混养，为充分发挥稻螺共生优势，提高养殖产量，现多采用沟坑式养殖，开挖田沟和集螺坑，一是为了田螺遇到炎热或寒冬天气可以避热避冷；二是收割水稻干田时可以集螺，要求做到沟沟相连，沟坑相通，沟底面向坑倾斜，沟只挖 30 厘米深、40 厘米宽即可，集螺坑长方形或正方形，也不要太大，其蓄水深 60~80 厘米以内即可，用以喂食，保水防旱，稻田面积也不宜过大，一般 1~3 亩。

二、稻螺种养技术模式要点

（一）稻田选择

选择水源充足、无污染、排灌方便、保水力强、土质肥沃的田块作为养殖田。

（二）稻田改造

首次进行养螺的稻田在开挖稻田前，按每亩用 50 千克生石灰化浆全田均匀泼洒消毒，同时每亩稻田施用发酵后的猪牛粪 300~500 千克。

稻田排干积水后，翻耕后开挖集螺沟和集螺坑。沿田埂四周开挖一条宽 1~1.5 米、深 40~50 厘米的环形水沟为集螺沟，若田块面积较大，可挖几道工作行或"十"字沟，其宽 50~60 厘米、深 20~30 厘米，并将田埂加固加高至 50 厘米，夯打结实，以防渗漏倒塌。集螺坑为长方形或正方形，蓄水深 60~80 厘米，一般靠近田埂边布置。根据田块的大小可设集螺坑一个或多个，总面积占整个稻田面积的 1/10 左右。

在田块的对角分别设置进、排水口，并在进、排水口装上防逃网。防逃网需埋入土下 15 厘米处，以防止田螺从网底逃逸。平时保持水位 10～20 厘米。

（三）田螺放养

1. 品种选择

放养的品种以个体大、生长快、肉质好的中华圆田螺为佳。

2. 种螺收集

用于繁殖的亲螺可到稻田、池塘或沟渠收集，应选择适宜比例的雌雄亲螺；雌螺个体大而圆，头部左右两触角大小相同且向前方伸展；雄螺个体小而长，头部右触角较左触角粗而短，末端向右内方向弯曲，其弯曲部即为生殖器。繁殖亲螺的选择标准是：螺色清淡、壳薄、体圆、个大、螺壳无破损、介壳口圆片盖完整等。

3. 仔螺繁育

每年 4 月、5 月、10 月为田螺的生殖季节，一般每胎可产仔螺 20～30 个，多者可达 40～60 个，一年中可产 150 个以上，产后经 2～3 周，仔螺重达 0.025 克，即可开始摄食，一般经过一年的饲养即可繁殖后代。

4. 放养时间

一般在单季稻栽插前放养，放养位置以集螺沟为主。

5. 放养规格与数量

放养幼螺，规格 5 克左右，每亩放种 25 000～30 000 只，重量 125～150 千克。放养螺种，规格 10～15 克，每亩放种 30～50 千克。

6. 投饵施肥

田螺的食性杂，饵料有天然饵料和人工饵料两大类。天然饵料主要是水中的底栖动物、昆虫、有机物或水生植物的幼嫩茎叶等。但在高密度养殖条件下，天然饵料不能满足田螺的生长需要，必须适时补充投放人工肥料和饵料。如施一定的粪肥，以培肥水质，提供足够的活饵料（浮游生物）；同时，投喂一定数量的饼粕类、糠麸类、瓜果蔬菜、鱼虾及动物废弃物等人工饵料。

投喂方法是：每 2~3 天投喂一次，每次投喂量为田螺总重量的 1%~3%。蔬菜瓜果、鱼虾或动物内脏等投喂前要剁碎，再用麸皮、米糠、豆饼等饵料拌匀后投喂，饼粕类固体饵料要先用水浸泡变软，以便田螺能舐食。田螺喜夜间活动，晚上摄食旺盛，投饵应在傍晚，每次投喂的位置不宜重叠。田螺的适宜生长温度为 15~30℃，最适温度是 20~28℃，除冬眠期外，其他时间都应投饵，但投喂量可根据水质、水温以及田螺的摄食情况灵活掌握，当水温低于 15℃ 或高于 30℃ 时不需要投饵。

7. 水质管理

田螺与鱼类和其他贝类一样，不能直接呼吸空气中的氧气，而是靠鳃呼吸水中的溶解氧气，且耗氧量又高，当水中的溶氧在 3.5 毫克/升时，就会较严重影响其摄食，低于 1.5 毫克/升或水温超过 40℃ 时，就会窒息死亡。所以，养殖田螺的水质要溶氧充足。

在田螺生长繁殖季节，要经常注入新水，调节水质，特别是夏季水温升高，采取微流水养殖效果最好。春秋季节则以半流水式养殖为好，冬眠期可每周换水 1~2 次。平常稻田水深保持 25~30 厘米，冬季田螺钻入泥土中，水深 10~20 厘米即可。

8. 防逃

田螺有逆流的习惯，常群集入水口或滴水处，溯水流而逃往他处，或顺水辗转逃逸，有时甚至于小孔内拥群聚集，以逐渐扩大孔洞，再顺水流溜走。因此，要坚持早晚巡田，查补堵漏，特别要注意进、出水口处的防逃网栅，发现孔隙，要及时修补，严防田螺逃跑。

9. 病害预防

生产中，田螺除缺钙软厣、螺壳生长不良和蚂蟥病危害外，一般无其他疾病。经常向稻田中泼洒生石灰水，可以消除缺钙症；发现蚂蟥则用浸过猪血的草把诱捕清除。

10. 起捕上市

起捕时，可以采取捕大留小的办法，将达到上市规格的田螺捕捞上市，小的继续饲养。一般可带水捕捉，也可以诱饵或流水诱其群集而行，然后用抄网捕之。同时，注意留足翌年养殖需要的螺种，以备翌年繁殖仔螺。

（四）水稻种植与管理

养螺稻田宜栽插矮秆抗倒伏水稻品种，可选用高产、优质、耐肥、抗病、抗倒伏、生育期适中的一季晚稻品种。水稻栽插方法与常规一季稻田的操作规程基本相同，田间管理上应慎重使用化肥、农药。

1. 稻田施肥

养螺稻田由于常投饵施肥，加之田螺的排泄物，土质肥沃，基本能满足水稻生长发育所需的养分，一般不需为水稻另施肥。确需施肥，可以有机肥为主，巧施化肥，如用尿素控制在每亩 10 千克以下，过磷酸钙每亩 15 千克以下，做到量少次多，严禁用碳酸氢铵。要防止高温施肥，也不宜大量施用有机肥，以免污染水质，影响田螺生长。

有机模式中，基肥在秋收后每 1 000 平方米施酵素 2 千克、米糠 2 千克、鲜鸡粪 300 千克、牛粪或猪粪 400 ~ 500 千克，在翌年 3—5 月浅耙 2 次，插秧前每 1 000 平方米施米糠 250 千克；追肥，在抽穗前 40 ~ 50 天每 1 000 平方米施米糠 20 千克、鸡粪 20 千克，抽穗前 7 天每 1 000 平方米施米糠 20 千克、鸡粪 10 千克。

2. 稻田用药

养田螺的稻田由于生物防治和生态的作用，水稻一般很少发生病害和虫害，一般无须用药。如确需用药，应选用多菌灵、井冈霉素等高效低毒农药。施药时最好采用微雾施用，尽量将药物喷洒在水稻茎叶上，避免农药落入水中。同时，可暂时加深水层，以稀释落入水中药物的浓度，缓解对田螺的影响。

有机生产模式中，防治稻瘟病和纹枯病，采用 300 ~ 500 倍米醋、百草液、钙和木醋液混合液防治；防治螟虫和飞虱，采用 150 ~ 200 倍米醋、百草液、大蒜素、烧酒和木醋液混合液防治。

三、稻螺种养模式的应用

（1）加强日常管理，早晚应巡视各 1 次。天气变化剧烈时，要勤检查进出水口的栅栏、密网，及时发现问题，防止田螺逃逸、防晒和预防疾病。

（2）稻田养螺要尽量避免在养螺田内施用农药，严禁农药、化肥污染的水源流入稻田。需要留心观察水质，一旦发现水质有污染应立即排除，重新注入新水。

（3）稻田养螺最好保持微流水，田水深度 10 ~ 20 厘米，防止干水漏水，如需短时间干水晒田促进水稻分蘖，可以缓慢排水将田螺引入沟和坑中饲养。

（4）田螺的敌害生物主要有鸭、水鸟和老鼠，尤其是要防止鸭进入稻田中。另外，养殖田螺的稻田不宜放养青鱼、鲤鱼、罗非鱼、鲫鱼等，它们也摄食田螺。

（5）避免炎热酷暑投入田螺苗。

第三章　池塘、稻田混养和联养经济动物

第一节　池塘混养鱼、蟹

池塘鱼、蟹混养，以蟹为主，搭配鱼类，既可充分利用池塘水体，又能净化水质，而且可各自利用池塘饵料资源，是相互促进增产的生态养殖生产模式。鱼、蟹混养比单养河蟹经济效益可提高2~3倍。

一、混养池的建造

鱼、蟹混养池应选择在靠近水源、水量充足、水质优良无污染、排注水方便的地方。面积以1~5亩为宜，水深1.5米左右，要求塘底土质为黏土或沙壤土。冬季干塘作冰冻暴晒处理，保持池底淤泥10~15厘米厚，淤泥不宜过厚。由于河蟹喜在浅滩活动、取食和蜕壳，池塘壁最好由砖、水泥砌成，并加大坡度，一般背阳面为1:2.5，向阳面为1:4，并筑成阶梯状，每层阶梯宽为20~30厘米。在蟹池高低水位之间，用小青瓦建造一些人工蟹窝，窝深40~50厘米，顶上用泥土覆盖。池底移栽些如水草、水花生等水生植物，以供河蟹隐蔽栖息和补充食料。排、进水口也要附加防逃设施，一般采用聚乙烯网片或铁丝纱罩，目孔大小以池内小规格蟹不逃出为原则。在池塘坝上沿池四周，用砖块砌50~70厘米高的防逃墙，上端向池内伸出15~20厘米的倒檐，呈"厂"字形。墙内侧用

水泥挂面，要求光滑，或设置钙塑板、塑料薄膜防逃设施，高50厘米，外层用聚乙烯密眼网围栏，高1~1.2米，防止蛙、蛇、鼠、水禽等天敌动物进入侵害。

二、鱼、蟹放养前准备

（一）消毒

放养前用生石灰、漂白粉等水体净化剂对池塘彻底消毒，每亩用130千克生石灰或13千克漂白粉带水清塘，以杀灭细菌、寄生虫和野杂鱼类。在沟中移植水草，加注池水至1~1.2米深。池塘配备投饵机、增氧机和水泵等渔用机械。

（二）种植水生植物

俗话说"蟹大小，看水草"，在河蟹养殖前，要移植水生植物如水草，既可为河蟹提供植物性饵料，又可为其提供隐蔽及栖息场所和蜕壳时的附着物。种苗放养前可在沟塘内浅水处移植苦草、眼子菜等沉水植物，塘内应放养水浮莲、蒿草等浮水及挺水植物。或在塘角切块移栽水草，周围用围网分隔，待草长成后撤除，以防河蟹早期破坏。

三、鱼、蟹种苗放养

河蟹最适生长温度为18~30℃。河蟹可在3—5月集中批量投放池塘，鱼种以冬放为宜。放养比例河蟹宜放养800~1 000只/千克规格的幼体0.5~1.5千克/亩，每亩放养体长10~20厘米的大规格鲢鱼、鳙鱼、草鱼等鱼种500~1 000尾。另外，每亩还可加放6厘米以上的抱卵虾1~2千克，实行自繁、自育、自养。放养时用10毫克/升漂白粉或3%食盐水浸洗鱼种5~10分钟。有的地区利用湖泊采用上层养鳙鱼、中层养鳜鱼、底层养河蟹的分层混养方式，混养的河蟹质量优、个头大，鳙鱼、鳜鱼丰产。

四、鱼、蟹混养管理

（一）投喂

投喂饵料要掌握河蟹"两头精，中间青"的原则。前期投喂新鲜小鱼和螺蚌肉，日投喂量占全池蟹体重的 10%；中期投喂以煮熟的玉米、小麦、南瓜、山芋等为主，利用水草等天然饵料，促其骨架发育；后期投喂鱼类、豆粕等食物，投喂量占蟹体重的 5%~8%。混养池塘宜选用全价颗粒饵料，也可用饼粕、麸皮、豆类、螺蚌肉、野杂鱼等自配饵料，减少水体污染。青虾、鲢鱼、鳙鱼在生长过程中可充分利用河蟹残饵，净化养殖水体，但在草鱼生长旺盛期需加大牧草的投喂量。

（二）调控水质

放苗初期控制水位在 50~60 厘米，保持水质"肥、活、爽"。中期夏季高温加深池水至 1.5 米左右，定期加注新水，加大换水量，每周加水 10~20 厘米。后期水位相对稳定，秋季控制在 1.2 米左右。为控制水温范围，营造蟹、鱼适宜的生活环境，池塘水草覆盖面积不少于 1/3，以利于净化水质，并且每 10~15 天换水 1 次，每次换水量 25 厘米左右。每半月还要用生石灰水全池泼洒 1 次，按每亩每米水深用生石灰 15~20 千克。

五、鱼、蟹病害防治

鱼、蟹混养池塘是养殖鱼蟹的生态环境，抑制病菌滋生，增强抗病能力。但如果养殖中饲养管理不善，如饵料搭配不合理、水质恶化等易诱发疾病，因此要注意疾病防治。在养殖高峰期每 15 天用生石灰调节水质 1 次，每月用土霉素等药物或大蒜拌入饵料中内服，防治细菌性疾病、蟹等肠胃病和甲壳病，用量为饵料的 2%~3%，3~5 天为 1 个疗程。在混养池中禁用敌百虫、有机磷农药等剧毒农药，若放养青虾，还要禁用晶体敌百虫和甲胺磷、菊酯类农药。同时，要及时清除蛙卵和蛇、鼠等天敌动物。

六、鱼、蟹的捕捞

根据鱼、蟹不同习性和养殖周期，鲢鱼、鳙鱼可在 7 月以后捕捞上市，河蟹在重阳节前后，在晚间用灯光诱捕或集中捕捞。对未达到商品规格的鱼、蟹，应设专池暂养供翌年继续饲养。

第二节　池塘混养鱼、虾

在生产季节，罗氏沼虾的养殖与 1 龄鱼种培育基本同步，虾鱼混养彼此共生、相互促进增产的生态养殖生产模式，在不影响鱼产量的情况下可以提高虾的产量。养殖生产实践证明，鱼、虾混养，在主养 1 龄草鱼种池内混养罗氏沼虾可以充分利用池塘水体空间和饵料，优化养殖结构，增加单位面积水域的产量，从而提高综合经济效益。

一、混养池建造

鱼、虾混养池应选建在水源充足、水质良好无污染、排灌方便的地方，水体面积 3~5 亩。为了创造鱼、虾养殖生态环境，在池塘等养殖水体中移栽水葫芦、水花生、轮叶黑藻、菹草等水生植物，为罗氏沼虾提供良好的栖息、蜕壳、隐蔽场所和饵料来源，并要建好防逃设施。

二、池塘清整与消毒

淤泥有供肥、保肥、调节水质肥度的作用，但淤泥过多，耗氧大，有机物在无氧条件下完全分解产生氨、硫化氢，使水体 pH 值下降，导致鱼类新陈代谢和抗病能力下降。池塘清整就是修整池埂池坡，清除过多淤泥，使池中淤泥保持在 10~15 厘米厚。池塘常用生石灰和漂白粉清塘、消毒、杀灭天敌生物。消毒方法采用干塘消毒，保持池中 5~10 厘米厚的水深，每亩施生石灰 75~100 千克；或带水消毒，漂白粉用量 20~30 毫克/升全池泼洒。

三、鱼、虾苗种放养

罗氏沼虾生长最适温度 25~30℃，长江流域一般在 5 月中旬至 6 月上旬（水温稳定在 25℃左右）投放虾苗，长途运输到达塘口的苗种，需一个逐渐适应环境的过程，使温差小于 3℃，再将苗种放入池中。罗氏沼虾苗的放养密度一般为 6 000~8 000 尾/亩，成活率可达 40% 以上。虾苗下池两周后即可陆续（草鱼夏花入池应比其他配养鱼种夏花早 15~20 天）投放夏花鱼种。主养 1 龄草鱼种的混养池，其夏花鱼种的放养总量应略少于纯养鱼种池的正常水平，一般每亩放草鱼夏花 8 000~10 000 尾，混放鲢鱼 2 000~2 500 尾，鲤鱼、鲫小片 1 000~1 500 尾。

四、鱼、虾混养管理

（一）投饵

投饵技术水平的高低直接影响到虾、鱼的产量和经济效益的高低，除了按鱼种培育的常规方法投饵外，鱼类饵料可合理开发利用农场饵料源，如菜粕、棉粕、豆粕、玉米、麦麸等。

要求优化饵料配方，提高饵料蛋白质含量，降低饵料系数和生产成本。对鱼类驯食约 1 周时间后可形成条件反射，通过观察鱼类的摄食状态，控制投喂量达到八分饱为宜，保持鱼有旺盛的食欲，有效地提高了饵料利用率。对罗氏沼虾投饵应投喂足够的鲜嫩青饵料，并在人工配制的虾饵料中添加脱壳素，促进罗氏沼虾正常脱壳生长。考虑到罗氏沼虾有怕强光和夜间活动觅食的特性，应在平日黄昏于池四周浅水区适投入工饵料供虾摄食。在饲养过程中，按照"四定"（即定质、定量、定时、定位）和"三看"（即看天气、看水质、看鱼情）的投喂原则，搞好全年的投喂工作。还要合理配制饵料，不投喂变质、有毒饵料；对投喂鲜活饵料要先消毒再投喂；并依据天气、水质及虾、鱼的活动情况调节每日的投喂量。可根据季节及水温情况，日投喂 2~3 次，对虾、鱼类饵料投喂，要依其生活习性，上午投喂饵量占日投喂量的 1/3，傍晚投饵量占 2/3。

（二）施肥

在虾苗下塘半月前，利用畜禽猪、牛、鸡、鸭的粪便亩施 200~300 千克作基肥，培育水质；在鱼类主要生长季节则每隔 10~15 天施 10 毫克/升无机磷肥，调整氮磷比，促进浮游植物生长，采用有机氮肥与无机磷肥相结合培育水质技术，池塘中溶氧大部分是通过浮游植物的光合作用所产生的，而有机氮能促进浮游植物中甲藻等优质藻类的繁殖，为鱼虾提供天然适口饵料。在混养过程中一般每 15~20 天施肥 1 次，每次施腐熟的有机肥 300~400 千克/亩，保持水体透明度 20~30 厘米，水色呈绿褐色或浅绿色。

（三）调控水质

虾对溶氧要求相对较高，提高池塘溶氧因子十分重要。1 龄草鱼种池混养罗氏沼虾，应特别注意管好水质，保证水体正常溶氧浓度在 4 毫克/升以上。夏、秋季应经常保持池水深度，水质稳定，压制劣质藻类数量，促进优质藻类的生长繁殖。在高温季节，加水时间选择在晴天下午 2～3 时以前进行。在鱼类主要生长季节，晴天中午开动增氧机 1 小时，利用晴天上层水产生的氧，防止鱼浮头，促进池塘物质循环。此外，施用生石灰可提高淤泥肥效，改善水质。

（四）日常管理

日常管理要做好"三查三勤"，即：早查浮头情况，勤捞蛙卵；午后查鱼虾的活动情况，勤除杂草；傍晚查水质，勤做记录。通过日常巡池检查，防止不良天气及天敌动物，如水老鼠等对防逃设施的破坏。

五、鱼、虾病防治

预防鱼、虾疾病要坚持贯彻"预防为主，防治结合"的方针，重视整塘、彻底清塘，并做好苗种的消毒下塘工作；早放养、早开食，使鱼类等提早适应环境，增强抗病力；根据病害流行特点，定期防治。在 7—9 月高温季节，每隔 10～15 天用 25 毫克/升的生石灰全池泼洒（生石灰还能调节水质，促进虾、蟹脱壳），同时，每隔 1 个月用药饵连续投喂 2～3 天预防病害，并对食场和养鱼工具每周进行 1 次消毒。此外，要合理搭配养殖品种，注重生态防病。

在主养草鱼池混养罗氏沼虾的生产过程中，鱼种容易发生烂鳃病（由细菌、寄生虫引起）、肠炎病和皮肤病，罗氏沼虾则可能出现黑壳病，应以防为主，采取内服外消的办法进行防治，即每 10～15 天轮番全池泼洒 0.7×10^{-6} 的二硫合剂（0.5×10^{-6} 硫酸铜，0.2×10^{-6} 硫酸铁）、30×10^{-6} 的生石灰水 1 次，内服鱼服康药饵 1～2 次。切忌使用敌百虫、敌敌畏以及各种菊酯类农药防治鱼种寄生虫病，以防罗氏沼虾中毒。

六、鱼、虾的捕捞

当水温稳定在 25℃ 左右时，罗氏沼虾苗 4 个月个体长成 12~14 厘米，体重一般达 20~30 克，应及时用手抄网分批起捕。罗氏沼虾属热带、亚热带虾种，在 11 月以后，当水温降到 15℃ 以下时，虾体停止生长时，排干水体全部捕捞。否则冬季寒潮到来虾会被冻死，影响养殖效益。在冬季捕捞、干池后将部分银鲫、鲤鱼和团头鲂等成活率高的鱼囤养在鱼种池内，到春天市场淡水鱼缺乏时再上市，或将放养特大规格的鱼种长成上市规格后，捕鱼季节提前至 4 月底，使鱼市淡季不淡，提高了经济效益。

第三节　池塘混养鱼、鳖

传统养殖经验认为鳖和鱼不能同池混养，以防鳖咬死鱼。生产实践证明，鱼、鳖混养不仅能充分利用水体，提高单位水体利用率，而且鱼、鳖共生互利可以提高各自产量，增加养殖经济效益。

因为鱼和鳖同为冷血水生动物，它们的食性、对环境和气温变化的适应性大同小异。鳖是营底栖生活为主的水生动物，鱼多数生活在水体的中上层，这就充分利用了水的空间。鳖用肺呼吸，经常在水的底层和上层活动，促进了上下水体的循环，增加了水体的含氧量，鳖对水体有增氧作用净化了水质，不仅利于鳖体生长，而且可满足中底层鱼类对水中含氧量的要求，减少和避免鱼"泛池"现象。同时，鳖在水底活动加速了池底淤泥中有机物质的分解，稳定了水质肥度，可净化水质，为鱼类生长繁殖创造了良好的条件。鳖的残饵和粪便内氮、磷、钾等含量较高，一部分被杂食性鱼类如鲤鱼、鲫鱼、罗非鱼直接利用，另一部分还可培肥水质，为水中浮游植物的生长和繁殖提供了养料，从而增加了滤食性鱼类如鲢鱼、鳙鱼的饵料。鱼类的粪便、水生植物沤肥利于浮游生物、底栖生物的繁殖，这样便形成了鱼、鳖食物链相互促进的新的生态平衡，提高了饵料利用率，又起到稳定水质的作用，给鳖的饵料螺、蚬的生长、繁殖创造了良好的条件。此外，鳖的游泳速度比鱼慢，只能吃掉行动迟缓的病鱼和死鱼，减少了病原体传播和传染性鱼病的发生。

一、池塘选择与设施

养鳖池应根据鳖和混养鱼类的生活习性来建造。鱼、鳖混养的池塘，要求水源方便，水量充沛，水质清新，泥沙较少，背风向阳，阳光充足，远离交通要道，池塘堤埂坡度平缓，岸边无杂草树木丛生，环境安静。混养池塘应造得深一些，池塘水深应在 2~2.5 米以上，因为养鱼时宜保持 1.5~2.5 米的水位。稚甲鱼池水浅、池小，不宜混养家鱼，混养池塘面积大小可根据混养鱼鳖情况而定，也可利用现有鱼池改造而成，在鱼池四周建防逃墙，墙内留有一定的活动空间，池底保持 25 厘米左右的松软土层。在池塘向阳的一边，筑 30°的土坡，供鳖栖息或产卵，面积为池塘面积的 1.5%~2.0%。堤坡上面铺设沙坪，厚约 30 厘米，作为鳖的产卵场，附近可种植落叶树或作物供亲鳖蔽荫、休息和产卵。在池边的水中竖 4 根水泥桩或木桩，再在上边倾斜固定一块水泥板或木板，使其一端高于水面，另一端略低于水面，制成一个水上饵料台，饵料投放在水面交界的稍上方处，这样可以防止残饵污染水质和饵料中养分的流失，便于观察其摄食情况。为了防止鳖逃逸，在池塘周围建防逃设施，如砖砌墙，即在池埂上砌墙基入土 20~30 厘米、墙高 40 厘米，墙顶向内出檐 10~15 厘米的砖墙较为牢固。此外，还可用钙塑板、水泥板、石棉瓦、加强塑料薄膜等材料建成 20~30 厘米，高出地面 40~50 厘米的内倾式防逃墙，同时还应在进、排水口建铁丝防逃拦网。搭建食、晒台，可采用竹木制成规格 1 米×2 米的弧形漂浮式的投食台兼作晒台，用绳子拴在离岸边 5~10 米的地方，一般每 10 亩水面放置食台 5~10 个。

二、鱼、鳖放养前的准备

鱼、鳖放养前要用生石灰（干塘每亩 75 千克）加水制成溶液全池泼洒，进行池塘消毒，3~4 天后放水洗池，7~10 天后排干，在阳光下暴晒 5~7 天，以杀灭池塘里的病原生物，然后施基肥后加水，待 1 星期后，每亩放养鲜活螺蛳 100~200 千克，以便在池中繁生小螺蛳供鳖食用，方可放鳖。

三、池塘混养鱼、鳖种苗选择

混养鱼种应选择体质健壮、无损伤、规格大小一致的。一般温水性非肉食性鱼类，均适宜和鳖混养，主要是选择滤食性鱼类、杂食性鱼类、草食性鱼类。和鲢鱼、鳙鱼混养，可充分利用水中的浮游生物；和鲤鱼、鲫鱼、罗非鱼等杂食性鱼类混养，可充分利用残饵和底栖生物；和草鱼、鳊鱼、团头鲂混养可充分利用水中的萍类和杂草。混养池塘，应以养殖成鱼和大规格鱼种为主，如在幼鳖池中可放养规格比较小的鱼种，培育大规格鱼种。成鳖养殖池，可放养体长为 15 厘米以上的大规格鱼种，进行商品鱼养殖。养鳖池内不宜混养青鱼等以及以底栖生物为食的鱼类，以免影响鳖的生长。

四、鱼、鳖种苗放养

鳖生长水温 20~33℃，最适水温 26~30℃，鳖的放养以

3—4 月为适时。鳖的放养密度为 10~15 克的幼鳖，每亩水面放养 3 500~5 000 只，饲养 1 年，个体质量可达 75~100 克。100 克以上的幼鳖，每亩水面放养 700~1 000 只，饲养 1 年个体质量可达 300~500 克。放养鱼种与常规池塘养鱼相似，采用池塘 80：20 主养模式或多品种混养生产模式。混养鱼类的密度，成鳖池比幼鳖池适当多放一些，规格也要求大一些。放养鱼种以食浮游生物鱼类为主，适当配养杂食性鱼类和草食性鱼类，具体放养比例，鲢鱼占 50%~60%，鳙鱼占 10%~15%，草食性鱼类占 20%，鲤鱼、鲫鱼占 5%~10%，每亩的总放养量为 900 尾左右。放养鱼种的规格：鲢鱼、鲫鱼种长 15~20 厘米，草鱼、鲤鱼种体长 10~13 厘米。幼鳖养殖，放养规格每只 4~15 克，每平方米放 5~10 只，养 1 年个体增重 40 克；成鳖养殖，放养规格每只 100 克以上，每平方米放 1~2 只，养殖 1 年个体重量可达 250~400 克。

五、鱼、鳖饲养管理

鱼、鳖混养池应根据鱼、鳖各自的生活习性和饵料各不相同，做好投饵、巡塘和防病等日常饲养管理工作。在幼鳖池一般不宜养殖鱼类。此外，越冬前应将鱼、鳖分池饲养。

（一）投饵

1. 饵鱼投放

鱼的饵料可根据放养鱼种的食性采取青料、精料、肥料结合的方法来解决，主要有全价颗粒饵料、菜籽饼、米糠、麦麸、青饵料等。精饵料投喂量大约为吃食性存塘鱼体重的 3%~5%，投食于水中固定的饵料台上，喂食量以 1~2 小时吃完为宜。每天投喂 2~3 次，投食时间每天上午 9 时、下午 3~4 时。青饵料投喂量为存塘草食性鱼体重的 10% 左右。

2. 鳖饵投放

鳖需要含高蛋白质和钙质较高的杂食性饵料，人工饲养鳖的饵料主要有螺蛳、鲜杂鱼、全价配合饵料、各种动物的肉体和内脏以及屠宰下脚料等，可以收集起来轧碎后投入池中。在动物性饵料缺乏时，也可投喂部分植物性饵料，如煮熟的瓜果、谷类，但最好将植物性饵料粉碎后掺入动物性饵料中，制成混合料，使其蛋白质含量达 40% 左右。配合饵料与鲜杂鱼等单一饵料交替使用，效果良好，饵料要求新鲜不变质。投饵要养成稚鳖的定时、定点摄食习惯。鳖喜夜间活动，所以每天下午日落前投喂 1 次，秋后则每天投喂 1 次。饵料应投在饵料台上，饵料台可用木板或水泥板架在水下 2 厘米处。为避免稚鳖摄食时争夺与撕咬，一般可多设几个摄食点。每天每次投喂量为存塘鳖体重的 8%，以一夜间吃完为好，饵料台上未吃完的变质饵料要清除掉。螺蛳等底栖生物多的池塘可不投或少投饵料，可节省饵料，降低养殖成本。

（二）施肥

施肥主要是为滤食性鱼类解决饵料问题。因此，既要施基肥也要施追肥。基肥要施足；追肥可施有机肥或化肥，但要注意少量多次。通过施肥可繁殖浮游生物和底栖生物等鱼、鳖天然饵料，又可净化水质调剂水色，改善鳖的隐蔽栖息条件，减少相互撕咬；一般当池水透明度在 30 厘米以上时可追肥，高温季节可追化肥，每亩 10 千克（氮：磷为 1:1），平时追施发酵的人畜粪或绿肥，每亩 150~250 千克。追肥应采用少量多次，通常 8~10 天 1 次。投喂青草主要是为草食性鱼类提供饵料，投草量根据摄食量而定，一般以投草后 3~4 小时吃完为适度。

（三）调控水质

鱼、鳖混养应保持水质清新，要定期冲水、换水，使池水透明度维持在 30 厘米左右。池水深度在 3—10 月掌握在 1 米左右。高温季节因耗氧较多，凌晨前易缺氧常出现鱼浮头现象，因此，要灌入新水或开动增氧机以防泛塘。11 月至翌年 2 月水深应控制在 1.5 米左右，以便安全越冬。另外，要每隔 10~15 天测定池水的 pH 值，若池水 pH 值为 6~7，每亩用生石灰 10~15 千克化水泼洒可使 pH 值升为 7.5~8.5。

（四）日常管理

鱼鳖混养要坚持早晚巡塘，查看水质变化、鳖鱼吃食活动和防逃设施是否损坏等情况，发现问题及时解决，同时要注意防病、防大风、防暴雨逃鳖。另外，根据鳖的生活习性，必须保持安静的周围环境，尤其要减少池中拉网次数，防止对鳖的惊扰。

六、鱼、鳖疾病防治

鱼、鳖生活在水中，鳖常在水底长时间潜伏，平时难直接观察其健康状况，待体表有明显症状，行动迟缓时已濒临死亡，治疗效果也不好。因此，对于鱼、鳖病必须"预防为主、治疗为辅"，主要是从合理饲养管理调控水质着手，用药物消毒和预防，如交替泼洒漂白粉等水体消毒剂，半月 1 次。平时还需服抗菌性药物，如土霉素、磺胺类等制成的药饵，每 20 天投喂 1 次，每 6 天为 1 个疗程。并用以下方法预防鳖病：①用3%的食盐水浸洗 5~10 分钟，防治球虫病；②用 0.5%~0.6%食盐水较长时间浸洗病鳖，可防治水霉病；③用 5%食盐水浸洗病鳖约 1 小时，可防治颈溃疡病；④500 毫克/升食盐水和 500 毫克/升小苏打合剂全池泼洒，可防治白斑病。发现病鱼、鳖及时隔离治疗。

七、鱼、鳖的捕捞

根据市场行情适时捕捞商品鱼和鳖的方法很多。平时需要捕捉少量鳖时，可沿池塘边巡查，发现鳖受惊潜入水底后，水面会冒出气泡，捕捉人可下水或下田跟着气泡位置，用脚踩摸捕鳖。水下捉鳖时，鳖只顾逃脱一般不会咬人，但操作不慎，鳖出水面咬人不松口。捕鳖也可利用鳖爱吃的有腥味动物和有香味植物作为诱饵引诱鳖入笼捕获。诱鳖笼用竹编制，要求鳖易进不易出。然后根据水流方向将笼放置离岸边 2 米左右的水底，若白天诱鳖笼放入水中 3~4 小时后收查 1 次或晚上放笼早上收笼。如果同时多放几个诱鳖笼不仅捕鳖率会更高，而且还可以诱捕到鲫鱼、鲤鱼和草鱼。再次放置诱鳖笼要更换安放地点。需要大量捕捞鱼、鳖时，可用围网捕获或采用干塘捕捞，即先排干塘水，若捕鳖可等到夜间田中的鳖自动爬上岸栖息时用灯光照射捕捉。捕捉后采用竹篓或木箱按鳖体规格大小将其分格放入篓内，底部垫上软垫，盖严实后即可运输。若装在木箱中运输，要在箱侧面和底板及盖板上钻许多小透气孔，使箱内通气，以保证鳖在运输途中的安全。

第四节　池塘混养蚌、鱼

河蚌在动物分类学上属于软体动物门、蚌科动物，能培育珍珠的淡水蚌主要有三角帆蚌和褶纹冠蚌等。它们的外套膜受刺激可形成珍珠，即淡水珍珠。

一、河蚌经济价值

珍珠的经济价值很高，自古以来被人们用作装饰品，被视为珍贵的宝物，又为名贵药材之一。中医认为珍珠具有清热解毒、平肝潜阳、镇心安神、止咳化痰、明目止痛和收敛生肌等功效，主治惊悸失眠、惊风癫痫、目生云翳、疮疡不敛等症。珍珠又是我国著名中成药六神丸、珍珠丸的主要原料之一。另外，蚌肉可食用，蚌肉和壳粉是珍禽等特种经济动物的优质饲料。我国野生蚌资源丰富，并且人工养殖河蚌育珠简便易行，经济效益高。

二、池塘混养蚌、鱼技术

河蚌以浮游生物为食，根据浮游生物的垂直分布特点，将育珠蚌挂养在离水面 40 厘米左右的上层水体中，在蚌塘中搭配一些吃食性鱼类，让鱼蚌共生，水体生产潜力得到充分的利用。就栖息水层而言，由于蚌是固定不动的，而放养鱼类的品种和数量比常规池塘鱼类混养少得多，不会产生"争空间"的矛盾。既不影响鱼类摄食和运动，又能使上层的天然饵料给河蚌利用，且因光照适度，珍珠光泽好、产量高，质量也明显更好。鱼类的排泄物尤其是草鱼的粪便是育珠池中上等的天然有机肥料，草鱼还可以舐食网袋中的青苔等附着藻类，是育珠蚌的清洁工。同样，放入适量的鳜鱼，可以捕食部分对河蚌有害的小杂鱼，防止河蚌烂斧足病的发生。生产实践证明，采用鱼蚌同一水域混养不仅提高单位水体的利用率，共利互生，促进双增产，从而提高综合养殖的经济效益和生态效益。

（一）混养池塘选择与设施

选用蚌鱼混养的池塘要求水源充足、水微流、水质清新无污染、排灌方便，水位在 1.85～2.5 米，pH 值 4.5～9.5，呈中性、弱酸或弱碱性，池塘底的淤泥不宜过厚，一般在 6～10 厘米为宜。保持水质肥度，水不流动，水质比较浑宜养殖褶纹冠蚌。塘鱼、蚌混养首先要搞好鱼池建设：鱼、蚌混养池的面积根据养殖规模和各地条件而定。池塘呈南北向、长方形结构，鱼池要建有独立排灌设备，使池水经常处于微流状态，以保持充足的溶解氧。

（二）放养品种选择

蚌、鱼混养不同于一般鱼类混养模式，对蚌和鱼种的要求也不一样。

1. 蚌种的选择

要求个体大，色线正常，无缺刻、无伤痕的可用蚌为"选用蚌"。蚌体有伤的和怀卵蚌不要，选择两壳宽大、蚌体完整无伤、闭合迅速、喷水有力的蚌；改大片（6~8毫米）为小片（3毫米），大小一致，因而使长成的珍珠沟槽浅、质量好。淡水育珠蚌主要选用三角帆蚌和褶纹冠蚌等。目前采用三角帆蚌育珠的比较多。三角帆蚌壳大而扁平，质地厚，背缘向上扩展成三角帆蚌状翼，但翼部无褶纹，分泌的珍珠好。三角帆蚌分布于我国长江中下游地区的一些底质硬、水质清的湖泊、池塘、河流的水域中。

褶纹冠蚌蚌壳大、两壳膨突、壳质较薄、背部向上扩展成鸡冠状，故又称"冠蚌"。褶纹冠蚌的下缘、蚌体背部有一系列褶纹，这是区别三角帆蚌的主要特征之一。全国除南方少数地区外，各地河、湖、池塘的水域中都有分布。

2. 鱼种的选择

由于蚌在生长发育过程中，主要以浮游植物为主要饵料，所以在放养鱼类品种时，应适当放养花鲢（以食浮游动物为主）及草食性鱼类，如草鱼和鳊鱼尤其是三角鲂，在放养规格上比一般鱼类混养要大一些，如花鲢在17厘米左右、草鱼200~400克、鳊鱼50克左右、鲫鱼20克为宜。也可酌情少放一些杂食性鱼类，如鲤鱼、鲫鱼，但有时在蚌鱼混养过程中，特别是鲤鱼会咬食蚌伸出的斧足（特别是未用网篮的吊蚌）导致蚌体受伤。放养不当容易导致河蚌烂斧足病，最好不放或少放滤食性鱼类（以食浮游植物为主的鱼类），如白鲢。青鱼尽可能放小规格的品种，可以吃去部分与珠蚌争食的螺蚬，但必须当年清塘。

（三）清塘消毒

清塘消毒应在鱼蚌放养前 1 周进行。选择晴天，每亩用生石灰 50 千克干池清塘消毒。鱼种、蚌种放养前都要进行严格消毒，对草食场也要定期用漂白粉进行消毒。

（四）育珠手术操作

1. 手术蚌选择与手术季节

制片蚌应选择 2~3 龄、健壮无病、体长 10~13 厘米的为宜。插片蚌应选择 4~6 龄、健康、无病，外套膜内外表皮呈白色的蚌为佳。凡有异常的蚌和蚌排卵期间都不宜选用插片。一般情况下，在幼蚌 1 岁左右开始插片。及时趁幼蚌时插片，可以达到成珠速度快的目的，因为幼体分泌珍珠质的能力强、质量好，特别是色泽度高，加之蚌体较小时，插片也小，使珍珠成形后更加滚圆。

插片季节可以根据不同的育珠蚌种类进行合理安排。淡水珠蚌中褶纹冠珠贝插片手术于春末（3—5 月）、初秋（9—10 月）时的水温最适宜。5—6 月是蚌繁殖季节，同时盛夏气温高，蚌离水后脱水快，伤口易发炎溃烂，故插片手术宜在低温季节，5 月下旬至 10 月上旬不宜做手术；三角帆蚌宜在高温季节进行手术。高温季节蚌体新陈代谢旺盛，如能防止伤口发炎，则愈合快，珍珠囊形成早，分泌珠质早，形成珍珠快。冬季蚌体处于休眠状态，新陈代谢活动微弱，手术伤口不易愈合，易吐片、烂片，故不宜手术。

2. 插片制作方法

插片制作在遮阳无风环境中进行，注意环境卫生，手术工具要求消毒，制片操作应轻快，不能损伤外表皮。

（1）剖蚌。将小片洗刷干净，用剖蚌刀伸入贝壳后端分别切断前后闭壳肌，使蚌壳自然张开，再切断外套膜与内脏连接处，轻轻将蚌左右分开，用清水漂洗外套膜等处的污物。

（2）剥分外套膜。将小片蚌固定在手术架上，掀开贝壳，用镊子将边缘膜沿痕向内轻轻翻转，在其前端或后端边缘撕一个小口，用一把镊子夹住内表皮，另一把镊子从小口处伸入内外表皮之间，向前后分开内外表皮。

（3）剪取外套膜。外表皮用切片刀或手术剪沿外套痕将边缘膜外表皮剪下来，贴壳一面（正面）朝上，贴结缔组织面向下（一定不能弄反以免影响珍珠的形成），摊放在玻璃板上。

（4）修整和切片。取下的带状外表皮须用切片刀切除有色边缘，两边修齐，然后切成边长 0.5 厘米的正方形小块。一般 1 只小片蚌可切 40 小片左右。在小片上滴几滴浓度为 0.1% 的金霉素溶液（1 升 0.4% 盐水中加金霉素 1 克），保持湿润，要求尽快植片，以免影响细胞活力。

3. 插植小片操作方法

小片切好后应尽快植片，从小刀切取到植片不能超过 20 分钟。植片手术操作方法如下。

（1）开壳。用开壳器轻轻插入育珠蚌的两壳之间，慢慢将壳撑开到一定宽度，插入木塞固定，利于插片操作。开口大小要适中，一般三角帆蚌开口 1~1.2 厘米，褶纹冠蚌开口 1.5 厘米左右。开口过小不易操作，开口过大易损伤闭壳肌。然后将育珠蚌腹缘朝上，倾斜置于手术架上，用鳃舌板将鳃和内脏团拨向一侧，用海绵蘸清水洗净内脏团和外套膜上的污物和黏液。

（2）插植小片。从鳃线（距鳃基部1厘米处）到外套膜痕之间为植插片部位。一般植3~4行，行距0.8厘米左右，间距三角帆蚌为1厘米、褶纹冠蚌为1.5厘米左右。插片应排列均匀，插片数量视育珠蚌大小而定，一般在40片左右。

（3）上片。上片时送片针倾斜，针头放在小片正面的中心点，用钩针将小片均匀裹在送片针头上，要使小片的外表皮卷在里面，结缔组织的一面在外面。

（4）植插片。用钩针刺开外套膜的内表皮，将小片从开口处1次送入内外表皮之间的结缔组织中。植片深度：三角帆蚌一般为0.5厘米左右，褶纹冠蚌为0.7厘米左右。将小片送达伤口底部，然后用钩针在外套膜外面压住已经送入的小片，将小片留在里面后，再拔出送片针。

（5）整圆。植片后用钩针在外套膜的内表皮将小片整理成鼓状突起，使其以后形成圆袋形珠囊，有利于形成圆形珠。

手术完成后将育珠蚌从手术架上取下，立即拔除塞子并在蚌壳上刻上手术日期，做好标记后放在盛有清水的木盆（桶）内或水泥池中，使其及时得到水分和氧气，再将育珠蚌及时送入育珠的水域中养育。

（五）鱼、蚌放养

1. 插片蚌放养

手术后的蚌体质比较弱，需要水深约2米，水流畅通，水质肥爽，酸碱适度（pH值7.5），透明度约为30厘米，水色一般以黄色为好，没有工业污染水和农药等有毒物质流入，附近无水生作物，池四周无大树遮阴的生活环境。放养方法主要有吊养法和笼养法两种。

（1）吊养法。在壳项的翼（冠）部用锥子钻一孔，用尼龙绳或塑料绳穿上，吊在水中养殖。蚌的穿吊数量视养殖水域而定。水深在1米以上的一般一串吊1~2只；水深大于1.66米，吊3~4只。为了便于管理，目前大都采用单吊，蚌间距离约20厘米，串间距离大于0.33米，排间距离1~1.66米，最上面的1只蚌一般离水面约16厘米。

（2）笼养法。用竹片做成0.5米高的圆框或用两根0.5米长的竹片交叉做成"十"字形，再用聚乙烯绳编织成吊笼。将蚌装入笼中垂吊在固定的竹架或粗塑料绳上，放养笼底应在水面以下约0.3米处，笼养数量视蚌体大小、水质肥瘦等情况而定，一般每笼装蚌5~8只，笼间距离约1米。育珠蚌吊养或笼养以后，要经常检查，放养后10天，每2~3天抽样检查1次，察看有无死蚌。10天后至1个月内，观察有无吐片、烂片、发黄以及伤口是否愈合，珍珠囊是否形成。如发现水质清瘦，应进行施肥。方法是肥料发酵后制成液体泼入养殖架内。施肥量要少量多次，同时，根据季节和水温变化，适时调节育珠蚌的水深。水温超过30℃，放深0.66~1米；25~30℃时，放深0.5~0.66米；20~25℃时，放深约0.3米。

2. 鱼种放养

以投放草食性鱼种为主，搭配少量杂食性鱼种，禁投肉食性鱼种。一般每亩投放大规模草鱼100~150尾、鲶鱼30~50尾、鲫鱼100~200尾。混养鱼以草鱼、鲫鱼、鳙鱼和鳊鱼等为好，每亩不超过200尾。草鱼和鳊鱼以草为食，可以消灭水草，净化水面环境，排泄的粪便可以肥水。鳙鱼以浮游动物为食，适当搭配混养，有利于水体浮游植物生长，促进以浮游植物为食的蚌的生长。鲫鱼是底层鱼，能发挥水体的生产潜力。白鲢、青鱼和鲤鱼不宜与蚌混养，因为白鲢吃浮游植物，与蚌争食；青鱼和鲤鱼会侵袭珍珠蚌。鱼蚌混养，要求水质肥而爽。在夏季高温期间，水质容易恶化，防病工作一定要长抓不懈，抓早、抓细，防患于未然。发现蚌病和鱼病，找到病因对症下药治疗。

（六）鱼蚌混养管理

1. 投饵施肥

蚌在生长过程中，以浮游植物为主要饵料，所以要求水质比较肥沃，应及时施肥，要求透明度在 25 厘米左右。根据不同季节施放不同的肥料，如春末夏初时蚌的新陈代谢开始旺盛，则宜施有机肥料，特别是 4 月上旬至 5 月上旬是蚌性成熟期，又是珍珠生长期，这时蚌需要大量营养物质则应增加施肥量，一般每月 2 次，施肥量视水质和透明度而定；如盛夏和初秋，水温高，是蚌、鱼病的流行季节，这时应少施有机肥料，改施或多施无机肥料，以减少有机肥料对池中的氧气消耗，同时便于掌握水质的变化；秋天，水温开始下降，浮游生物生长又达到新的高峰，也是蚌和珍珠分泌生长最快的时期，这时应以施用发酵后的有机肥料为主，间施无机肥料，保持水质肥沃。施肥避免直接施放在蚌的周围。在施肥时应顾及放养的鱼类，以草料为主，适当投放人工饵料，根据摄食情况，每天适量投喂一些鲜嫩的黑麦草、苏丹草及野草等，以 3 小时吃完为宜，随着鱼、蚌生长的需要，适时投入，宜少量多次，一般每月 2 次，肥量保证鳊鱼和草鱼吃饱吃好，根据天气变化要求水色黄绿、肥爽，水透明度要和鱼类生长情况相应，及时调整投饵量。钙还是珍珠生长过程中不可缺少的物质。3 月后，河蚌开始抱卵，多施生石灰，可以抑制河蚌生殖，有利于珍珠的形成和生长。

2. 调控水质

由于混养密度大，耗氧量增加，水色浑浊，吊养的头 1 个月每2天察看1次，1个月以后每10天察看1次，发现水色变深时要及时换水，保持良好的水质，因此每隔10~15天更换新水1次（以1~2小时为宜）。水体交换量要求达到50厘米左右。如遇闷热天气，要勤巡塘观察。鱼、蚌发病季节，要求每10天换水1次，使水质达到"肥、嫩、爽"。6—10月高温时池水尽量要深，并将河蚌适当下移到较深处，降低水的肥度，增加池水流速，防止缺氧泛塘。根据不同季节，通过增减塑料浮子，调节吊养河蚌的水层，要求在冬、夏两季适当深些。另外，吊蚌处每10天施1次石灰，既可调节水质，又可消毒水体。防病：每个月每亩用25千克生石灰化水全池泼洒1次，鱼、蚌病高发季节要求每个月增加到3次。

三、蚌病防治

（一）病害预防

鱼、蚌的生活习性不同，对各种药物的敏感度也不一样。在混养池蚌、鱼的发病季节（6—9月），每15日洒漂白粉溶液1次（使水呈 10^{-6} 浓度），同时每隔20天洒石灰水1次（每亩用量20~30千克），既可防止鱼病，又可调节水的 pH 值，同时为蚌、鱼的生长提供了钙质。在夏秋季节，早晚和闷热天气、阵雨之前要防止缺氧死鱼、死蚌，在早晚巡塘中发现死亡应立即清除。混养塘中如果某个品种有病害，治疗就比较困难。因此，平时在预防过程中以生石灰作首选消毒药物，并及时清除网袋上的附着物，防止蚌体上的青苔、红丝虫、螺、水老鼠、虾、蟹等天敌侵袭。塘中野草也要拔除，每月用盐水浸洗蚌体防止寄生虫的危害。

（二）常见蚌病防治

1. 烂鳃病

烂鳃病主要是因受外伤感染嗜水气单胞菌等细菌引起的发病。

【症状】鳃丝糜烂、残缺不全，呈苍白色或淡紫色，有淡黄色黏液，鳃片上附着许多泥浆污物，闭壳肌弹性差。

【防治】养殖和育蚌手术操作要搞好卫生，洗涤和植片时动作要轻，不要损伤鳃瓣。预防本病要清除池塘底的过多淤泥，每亩用 15 千克左右生石灰或漂白粉全池泼洒消毒，每月 1 次。治疗：用 2%～4% 食盐水或 0.1%～0.2% 多菌灵每亩 20～30 千克浸泡 10～15 分钟。严重细菌性鳃病蚌每蚌需要注射 0.1% 金霉素 1 毫升。

2. 水霉病（肤霉病、白毛病）

水霉病由水霉菌和绵霉菌引起。病因主要由于操作不小心擦伤蚌体，霉菌侵入蚌体伤口所致。

【症状】发病初期，肉眼难以发现，严重时患处组织肿胀、坏死，可见絮状菌丝。病灶常附着大量污物，严重影响蚌的呼吸，并导致死亡。

【防治】手术开壳固塞后，先用整鳃板将鳃瓣轻轻从外套膜一侧推到内脏团上，以免植片、核作业损伤鳃瓣而受污染；伤口最好用抗菌药涂擦。治疗：全池泼洒 0.2～0.5 毫克/升孔雀石绿溶液，间隔 2 天后再用 1 次，每次用药后 24 小时适量加注新水。若养蚌池套养食用鱼则禁用该药。

3. 原虫寄生

原虫寄生主要由纤毛虫、斜管虫、车轮虫等所引起。特别是小水体高密度养殖的蚌更易发生。

【症状】目检可见鳃上有白点，在显微镜下观察病灶组织，可见原生虫虫体。

【治疗】加强饲养管理，改良水质；河蚌在放养前，用 20毫克/升高锰酸钾浸泡 20 分钟；在发病季节，定期泼洒1 毫克/升晶体敌百虫。治疗：用 4%食盐或 40 毫克/升高锰酸钾溶液浸病蚌 5 分钟；水体用 1 毫克/升晶体敌百虫消毒。

4. 萎瘪病

萎瘪病主要是养殖密度过大或混养鱼类过多，导致饲料生物量不足所致。或由于水体的 pH 值、溶氧等长期不适珠蚌生存，导致摄食下降所致。

【症状】病蚌贝壳停止生长，生长年轮间隔小；内脏团萎缩干瘪，闭壳肌松弛无力，珍珠质分泌迟缓。

【治疗】本病为非传染性疾病，不会出现大量死亡，但珠蚌生长迟缓，影响产量和效益。治疗：将其迁移到新的水域中养殖；捕出过多的混养鱼类；补充肥料、饲料，调节水质。

5. 水肿病

一般认为水肿病属营养性疾病。由于水体中含钙不足，导致蚌排泄功能失调所致。

【症状】发病初期，蚌壳后端微开，喷水无力，病重时，出水孔不能喷水，只能滴水，外膜的中央膜，因积水而高鼓呈流动状的水泡，无法排出，边缘膜呈波浪状鼓胀，刺破水泡，有淡黄色黏液流出，有味，更严重时病蚌两壳完全裂开。该病常与烂鳃病并发。

【治疗】一般以石灰或钙肥来增加水质中的钙离子含量加以预防。治疗：将吊养的蚌取下，洗去壳表面的污物，用针轻轻刺破中央膜，排出积水，再用 1%葡萄糖酸钙配制成 0.1%的盐酸金霉素进行注射，每只蚌 0.1 毫升，之后将病蚌浸入1%~2%的盐酸金霉素溶液中 15 分钟，移至另外的塘中培育，隔天后，用相同方法再治疗 1 次。

四、鱼蚌捕捞和采珠

根据鱼类的生长情况，9 月中旬开始对鱼、蚌捕大留小，适时进行捕捞上市，一方面可以利用鱼价的季节差提高经济效益；另一方面，因为养殖密度降低，可以进一步促进池中鱼蚌的生长。轮捕轮放可提高鱼类单位产量，但由于蚌固定在池中，给捕捞带来不便。对鱼类捕捞要采用平时和定期相结合进行。

育珠蚌经过 2~3 年培育进行采收。11 月当水温下降到 15℃以下时采捕 2~3 年母蚌摘取其体内珍珠。采珠前 1~2 个月抽查一定数量珠蚌珍珠层厚度，确定能否采收。用刀插入蚌壳内闭壳肌，用镊子或解剖刀从育珠袋中挑出珍珠放入清水盘中或活蚌取珠。育珠蚌肉可作副食品或作特种禽饲料用。人工养殖的珍珠可入药用，但主要用作装饰品，其价值主要取决于珍珠的大小、形状、颜色、光泽、有无疵点以及加工技术等。鉴别珍珠质量的方法：可将珍珠放在阴暗处，闪闪发光的是上等珍珠；珍珠表面的光洁度和颜色决定珍珠的价值，另外珍珠越大、越圆价值越高。

第五节 池塘混养鱼、龟、螺、鳅

采用鱼、龟、螺、鳅混养，不仅龟不伤鱼、鱼不碍龟，龟、鱼混养共生互利，可利用生态循环效应互相促进生长发育。在混养过程中，龟用肺呼吸，促进水生植物光合作用，水生植物产生氧气，能够满足鱼、螺生活需要；龟在水中上下觅食活动，也有利于空气中的氧溶解于水体，促使上下水层对流，可增大水体溶解氧含量，能减少或避免鱼"泛塘"而死亡；同时龟在池底觅食有利于底层有害气体排放，利于鱼、龟、螺、鳅生长。龟剩下的残料和排泄物,有利于水中浮游生物繁殖,为鱼类提供饵料;鱼的排泄物又增加水的有机质的含量,为螺、蚌的生活繁殖提供良好的条件。由于龟大多喜欢潜居水底钻入泥沙中,或上岸晒甲、活动,使得养龟池的大量空间处于闲置状态。如果与鱼、螺、鳅混养既可提高池塘水体利用率,又可节约饲养饵料,同时,龟、鱼、螺、鳅混养能培肥水质和净化水体,减少龟、鱼疾病。有效提高池塘混养的鱼、龟、螺、鳅的产量,从而提高经济效益和生态效益。

一、混养池的建造

混养鱼、龟、螺、鳅池要求建造在环境安静、阳光充足、有水源,水质良好、无污染,排灌方便的地方。混养池面积视饲养规模而定。一般以 2~4 亩为宜,过大混养鱼、龟、螺、鳅不容易管理;过小混养鱼、龟、螺、鳅则不利于鱼、龟生长。混养池一般建成东西方向长方形,以便冬季搭塑料大棚保温。水池底质为黏土或壤土。池底面呈坡形,水浅的一面围墙与池塘之间留有 1 米宽的滩地(铺沙,供水龟产卵栖息用),水深由 0.01 米渐深至 1.5 米左右,使龟、鱼甚至螺、鳅都有各自的活动水域。混养池应有陆地,水陆比例为 (7:3) ~ (8:2),陆地可设在池的一侧,也可以中央为水体,周围堤坡作龟的栖息陆地,坡比为 (1:2) ~ (1:2.5),沿堤的边缘高 50 厘米,可按常规鱼池的宽度,以便于运送饵料、肥料、龟鱼产品等。在陆地上种一些植物,如各种草本植物、小型果树等,使龟池尽量接近自然环境,以利于龟的活动和栖息及龟的产卵。龟的投料点设在池边浅水处或岸边,鱼投饵台设在深水处、水面以下 0.3~0.4 米的位置,这样可避免龟、鱼争食。另外,进排水口的管口中均要用金属或尼龙网栅拦住。在混养池的周围,要建约 50 厘米高的防逃墙以防龟逃逸和天敌动物侵袭。除稚龟池因水体较小，又需经常换水，不宜混养外，其他水位在1米以上的龟池均可混养鱼、螺、鳅类。

二、混养鱼、龟、螺、鳅品种的选择

混养水产动物的品种根据不同混养目的可选择不同的混养生产模式。龟用草龟、金钱闭壳龟、黄喉水龟等。鱼用温水性非肉食性鱼类，如鲢鱼、鳙鱼等可利用水中的浮游生物。鲤鱼、鲫鱼、罗非鱼等可利用残饵、龟粪等，草鱼可吃水中杂草。螺以福寿螺为好。一般每100平方米水体放养福寿螺20千克左右，仔螺产下后即可爬行，是龟的上等饵料。

三、鱼、龟、螺、鳅混养前的准备

冬季排干池水，晒池30天左右，同时清除池底杂物，修补池堤漏缝。在鱼种放养前10~15天，每亩用生石灰150千克溶化后全池泼洒彻底清塘消毒，第2天注水、施基肥，待7~10天毒性消失后即可放养。龟放养前1天，池水用强氯精0.5~0.8克/平方米全池泼洒1次。龟入池前都要用常规药物，如食盐、呋喃唑酮等浸浴消毒。池内应分设龟、鱼食台，鱼的食台可设在水面下30厘米处；龟的食台长1.5~2米、宽60厘米左右，有15~25厘米浸在水中以适应水位的升降，饵料台的倾斜度适当小于堤的坡度即可。台的四周设高4厘米的边缘，以减少食料流失和便于龟的进出。

四、鱼、龟的放养

鱼种的放养时间常在春节后，当水温升到10℃左右时选在晴天进行；龟的最适生长水温23~31℃，投放时间应在每年的3—5月，当水温稳定在15℃以上时进行摄食。如投放温室加温育成的幼龟，要在水温稳定于22℃以上投放，下池前3~

4 天要停止升温，待室内水温逐渐降低至与室外水温一致才能出温室。

以放养商品鱼为主的混养池，鱼的放养密度规格可按 100~150 千克/亩标准投放大规格鱼种，投放 150 克/只左右的龟 140 只/亩。以养龟为主的混养池，投放体重 150~200 克的幼龟 1 300 只/亩左右，混养鲢鱼（规格 25~50 克/尾）300 尾，鳙鱼（25 克/尾）80 尾，草鱼（50~125 克/尾）120 尾，团头鲂（12.5~25 克/尾）80 尾。

五、龟、鱼、螺、鳅混养管理

(一) 投喂

龟、鱼、螺、鳅混养过程中，鱼、龟饵料应在满足龟所需饵料的前提下，适当增加投饵量及施肥量，保证鱼类亦有充足的饵料。要求分开投喂，要先喂鱼饵，后喂龟料。鱼饵料以全价颗粒饵料为主，结合投喂青饵料、麸皮等并分别按"四定"投饵，定点直接投喂在食台上，青饵料应投在设置的草框内，按常规养鱼投饵量每天上午 8 时和下午 15 时左右各投喂 1 次。

龟饵料包括动物性饵料和植物性饵料。动物性饵料包括各种动物的内脏和小鱼虾、螺、蚌、蜗牛、蚯蚓、昆虫、蚕蛹等；植物性饵料有菜、豆饼、瓜类、玉米、高粱、谷芽、米饭等。最好投喂人工配合饵料，其配方为：动物肉类和内脏 80%，植物性饵料 16.4%~17.4%，饵料酵母 0.2%，鸡用多种维生素 0.4%，微量元素 2%~3%。龟饵料的投喂量应根据季节和水温的变化而进行调整。高温季节应多投喂含蛋白质多的饵料；秋后水温低，应投喂含脂肪较高的饵料；开春后至 4 月底，一般在上午 8~9 时投喂 1 次；5 月以后，水温逐渐升高，龟活动频繁，摄食量渐增，应每日上、下午各投喂 1 次，时间在上午 8~9 时和下午 5~6 时前后；入秋到白露前，水温开始下降，摄食量减少，每天上午 8—9 时投喂 1 次，投喂量也降至 5 月前的水平，一般日投喂量控制在 3 小时内吃完为宜。

（二）日常管理

每天早晚巡视，观察水质变化情况。春季池水深度控制在 1.2~1.5 米，以利于升温，以后根据天气、水质及龟的生长情况逐渐提高水位，盛夏水深达 2 米以上，每 15 天左右换水 1 次，排出老水 1/3 后再放进等量的新水，保持水色呈油绿色，水体透明度 30 厘米左右，pH 值稳定在 7~7.2。根据龟、鱼的活动及气温变化情况，进行混养池（特别是以鱼为主的混养池）内水质的调控。但要注意在气候异常时（尤其在闷热天气），混养池龟、鱼混养密度较大，池水上下对流，底层浊水上翻，可导致龟类感觉不适而降低活动量，使池中溶氧量下降，鱼类就会因缺氧而浮头，严重时可造成泛塘死亡，应及时加注新水或机械增氧，平时既要使水保持一定肥度，又要使水保持清新。此外，每天检查注意水质变化，观察龟、鱼动态，发现问题及时处理。并要防龟外逃和天敌动物侵害。在亲龟池中，平时应尽量减少拉网次数，以免过多地惊扰龟的正常生活，尤其在产卵季节，如果拉网过多，会造成龟少产卵或不产卵。

六、龟、鱼、螺、鳅疾病防治

龟、鱼、螺、鳅混养过程中需要加强饲养管理，搞好池塘卫生，保持良好水质。坚持每天清扫食台 1 次，清除残渣剩饵，并按常规养鱼预病方法，每隔 30 天用漂白粉挂袋 1 次，连用 5 天，并全池泼洒 1 次生石灰，浓度达 2 克/平方米。7—9 月是龟、鱼发病的高峰期，每 30 天在鱼饵料中拌大蒜素连续投喂 6 天；在龟饵料中按常规剂量加中草药（板蓝根、金银花等）连续投喂 7 天，能有效地预防疾病的发生。若用 400～500 毫克/升食盐和 400～500 毫克/升小苏打合剂全池泼洒，可防治水霉病。用 10% 食盐水浸泡 30 分钟消毒养龟器皿，防治白眼病和腐甲病。在混养过程中发现鱼、龟、螺、鳅病害，要及时防治。

第六节 池塘混养鳝、鳅

黄鳝、泥鳅池塘混养不仅能充分利用水体，而且在养殖黄鳝池中配养泥鳅，两者之间共生互利，泥鳅好动，其上下游动，可改善鳝池水体的通气条件，提高溶氧量。配养泥鳅可以防止黄鳝密度过大而引起混穴和相互缠绕现象。黄鳝相互缠绕成团，使团内温度过高而易发生发烧病，配养泥鳅后可有效控制该病的发生。此外泥鳅与鳝鱼混养二者不争食，但泥鳅可以吃掉黄鳝残饵，有效地提高了饵料的利用率，同时还能使其水质保持"肥、活、嫩、爽"，从而增加单位面积鱼种池的产值，可以提高经济效益和生态效益。

一、鳝池的建造

鳝、鳅混养池宜选择地势稍高的向阳背风处，要求水源充足、水质良好，无农药污染，可进水、排水，日常管理方便。混养池的面积 20～100 平方米，形状因地制宜，长方形、圆形、方形均可。如果采用水泥池，池壁用砖砌，并用水泥勾缝抹面，池底同样用砖铺好后，水泥抹面。在池底、池壁上面铺设一层无结节网，网口高出池 30～40 厘米并向内倾斜，用木桩固定，以防逃逸。如果拟建鳝池的四周均是旱地，土质又较坚硬，可建造土池（又称泥池），建造的方法是先根据养殖的规模和要求挖地，挖 20～40 厘米，挖好后再将池底夯实。用挖出来的土在周围作埂，埂宽 1 米、高 40 ~ 60 厘米，埂要层层夯实。池底铺一层油毡，再在池底、池壁上面铺设塑料薄膜。

无论是水泥池还是土池，池深 0.7 ~ 1 米，都要在上端设一进水口，在其相对一面离池底 35 厘米处设一排水口，进排水口用尼龙网布制作拦鱼网栅，以防黄鳝、泥鳅外逃。池底铺上一层 20 ~ 30 厘米厚的含有机质较多的肥泥，有利于黄鳝和泥鳅挖洞穴居，并可适当种植一些水生植物，如水浮莲、浮萍、慈姑等，以利黄鳝隐蔽栖息，同时要在低于水面 5 厘米处安装好饵料台，饵料台用木板或塑料板制成。

二、鳝、鳅苗放养前准备

鳝、鳅苗放养前要清整鳝池，一般于冬季排干池水，清除多余的淤泥暴晒池底。放苗前 15 ~ 20 天，注入部分水（土池 10 厘米，水泥池 5 厘米），选择晴天，每平方水面用 150 克生石灰浆全池泼洒，彻底消毒。若用水泥池养鳝、鳅，放苗前一定要进行脱碱处理，才能放养黄鳝苗和泥鳅苗。当 7 天药效过后，池中铺洒一层发酵过的肥料，3 ~ 5 天后排干池水注入新水，开始放苗。

三、鳝、鳅种苗的选择与放养

池塘混养黄鳝、泥鳅必须选好种苗。黄鳝种苗应选体质健壮、体表无伤、体色深黄并夹有黑褐色斑点的为佳，最好用人工培育驯化的深黄大斑鳝或金黄小斑鳝品种，不能用杂色鳝苗和没有经驯化的鳝苗。黄鳝苗大小以每千克 50 ~ 80 条为宜。泥鳅苗应选择个体大、体质健壮的。

黄鳝生长最适水温 23 ~ 25℃，泥鳅生长最适水温 15 ~ 30℃，25 ~ 27℃摄食最旺，宜放养密度为每平方米放鳝苗 1 ~

1.5 千克。黄鳝放养 20 天后再按 1：10 的比例投放泥鳅苗，放养泥鳅苗选用人工培育的鳅苗成活率高。

四、饲养管理

(一) 投饵

投放黄鳝种苗，前 3～6 天不要投喂，让黄鳝适应环境，从第 7 天开始投喂饵料，每天下午 7 时左右投喂。黄鳝、泥鳅生长期为 11 个月，其中旺季为 5—9 月。黄鳝采食量很高，且对饵料的选择性较严格，一旦吃惯某些饵后则不易改变，因此天然黄鳝苗在池塘里人工培育初期必须经过短期驯养，使其分散摄食转变为集中到食台摄食，由夜间摄食转变为白天摄食，由摄食天然饵料转变为摄食人工配合饵料，并驯服成定时、定量的习惯。人工饲养黄鳝以配合饵料为主，适当投喂些蚯蚓、蚌螺肉、黄粉虫等。人工驯化的黄鳝，鳝种初放时不吃人工投喂饵料，需要进行驯饵。驯饵的方法是：鳝种放养后 2～3 天白天不投饵，在晚上进行引食。饵料投喂蚯蚓、蚌螺肉等，将饵料切碎，分成几个小堆放在进水口一边，并适当加大水流量。第 1 次的投饵量为鳝种总质量的 1%～2%，以后逐渐增加到体重的 3%～5%。如果当天的饵料未吃完，要将残饵捞出，第 2 天还要再增加投饵量。等到吃食正常后，可在引食饵料中掺入蚕蛹、蝇蛆、煮熟的动物内脏和血、鱼粉、豆饼、菜饼、麸皮、米糠、瓜皮等饲喂，第 1 次可加 1/5，同时减少 1/5 的引食饵料，如吃食正常，以后每天增加 1/5，5 天后可取消引食饵料。配合饵料可采用黄鳝全价饵料，也可自配饵料，其配方为：鱼粉 21%、饼粕类 19%、能量饵料 37%、干蚯蚓 12%、矿物质 1%、酵母 5%、多种维生素 2%、胶黏剂 3%。采用人工培育的深黄大斑鳝种苗，用此配合饵料投喂，投喂量按黄鳝体重的 3%～5%。每天投喂 1～2 次（按天气和水温而定），采用定时、定量的原则。泥鳅在池塘里主要以黄鳝排出的粪便和吃不完的黄鳝饵料为食，泥鳅自然繁殖快，池塘泥鳅比例大于1/10时，每天投喂1次麦麸即可。

（二）调控水质

饲养鳝、鳅投饵要注意水质的变化，应经常注水。对于刚下池的鳅苗，摄食量少，池水不宜太深，一般保持30~40厘米，浅水容易提高水温，肥效快，有利于浮游生物的繁殖和鳅苗的生长。随着鳅体的长大摄食量增大，投饵量也加多，水质转肥以后需要每隔数天注换新水，增加池水中的溶解氧量，以改良水质。注水时应根据水质肥瘦来适当调节，根据水色的变化换水，应保持池水呈黄绿色，池水变成黑褐色即要灌注新水。此外，若水肥或天气干旱，炎热时可勤灌、多灌水；水瘦时或阴雨天可少灌水。一般在鳅苗下池后每隔5~7天灌1次，每次灌水约5厘米深，到鳅苗种出池前分次加至50~60厘米为止。灌水要在投饵前或投饵1~2小时后进行，而且每次灌水时间不宜过长，以免鳅苗长时间顶水而影响体质。

（三）日常管理

黄鳝、泥鳅饲养期间应加强饲养管理。保持池水水质清新，pH值为5.6~7.5，水位适合。要勤巡池，发现问题及时采取相应措施处理。饲养一段时间后，同池的黄鳝如出现大小不匀时，要及时将大小黄鳝分开饲养，以便生长一致，防止大鳝吃小鳝现象发生。

五、鳝、鳅病害防治

鳝苗放养必须加强鳝病的预防工作，在鳝放养前7~10天，用生石灰清池消毒。入塘前鳝苗用3%的食盐水浸泡5~10分钟，生长期间，每15天向田沟中泼洒石灰水，每亩用量15

千克左右，或 0.5 千克漂白粉。苗种运输、放养和管理中，尽量小心操作，避免鳝体受伤。不投喂霉烂变质的饵料。保持养殖池的水质清新，尤其是高温期更应重视鳝病预防工作。发现病鳝、死鳝应立即捞起另养治疗和清除。在黄鳝养殖池里套养泥鳅，还可以减少黄鳝疾病。泥鳅一般不生病，泥鳅在夏季发生的主要是细菌性疾病，因此只要加强管理该病可以预防。若发现病鳅，应及时捞起单养治疗，并及时清除死鳅，同时经常巡塘注意清除混养池塘中蛇、青蛙等天敌动物。

六、黄鳝、泥鳅的捕捞

1. 黄鳝的捕捞

如 5 月在池塘中混养黄鳝，翌年 8 月开始捕鳝。捕捞黄鳝主要用竹编鳝笼，捕鳝时在鳝笼内放些猪肝、蚯蚓、小鱼等诱饵，置于池底水中，一般在天黑前 6 时放笼，凌晨 1 时收笼，后更换诱饵再捕捞 1 次。或在晚上 9 时趁黄鳝在岸边觅食，整个鳝体露出水面时用手捕捉。大量捕鳝采用放干池水后翻土捕鳝，可从池的一角开始翻动泥土，要避免损伤黄鳝。达到食用规格的除留少量用作鳝种外，其余都捕获，小鳝鱼留养。

2. 泥鳅的捕捞

泥鳅长到 8~10 厘米时即可捕捞。秋季于夜间在靠近进水口处铺上渔网，然后注入新水，因泥鳅有逆水游动习性，在夜间集中于水口附近，翌日早晨将网具提起即可捕捞。也可将炒热的米糠、麸皮及其他有香味的饵料，放置在鱼笼内诱捕。晚秋、冬季和早春，可以从田的一角开始翻动泥土来挖取泥鳅。

第七节　鱼、猪、禽联养

鱼、禽、猪联养是将鱼和禽或鱼和猪有机结合的一种生态养殖模式。以养鱼为主的鱼、猪、禽联养共生互利，可以充分利用物质资源循环和能量的综合利用，降低生产成本，促使鱼、畜、禽增产、增收。养鱼场除了搞鱼池养鱼以外，同时进行猪、禽的配套生产，普遍用猪、禽粪肥水养鱼。池塘淤泥作基肥，在池塘的埂边轮种、套种青饲料喂鱼和畜禽。还可采用鸡粪拌料喂猪，猪粪投池喂鱼，捞捕池塘中的野杂鱼制成鱼粉拌饲料喂鸡。生产实践证明，鱼、禽、畜综合联养不但提高了饲料的利用率和能量的转化率，节省了饵料，而且能增加养鱼、猪、禽的产量。猪年可出栏 2~3 批，鸡可养 3~4 批，鸭、鹅养 2 批。生产成本比单独养鱼或养猪低，可以显著提高养殖的综合经济效益和生态效益。

一、池塘的选择

养鱼池塘应选择在水源充足，水质良好，进、排水方便，能保水、排洪的地方修建，池塘面积以 8~15 亩为佳，水深 2 米以上。

二、鱼、猪、禽联养管理

（一）投饵

对杂食性鱼类投喂营养全面的颗粒饵料，滤食性鱼类定期泼洒一定量的化肥快速增加浮游生物，提高活饵量。投饵定量，一般杂食性鱼类日投喂按鱼体重的 2%~5%，草鱼可投喂占鱼体重 10%~15% 的青饵料，具体视天气、水温、鱼类吃食量而定。整个投饵量比非生态养殖减少 25%~30%。每日投饵 2 次，上午 9 时，下午 16 时。投饵位置应固定，每 10 亩池塘用毛竹等漂浮性材料制饵料框架食台 1~2 个。

（二）投喂

养猪品种应选择优良杂交仔猪，猪是杂食性动物，特别能耐粗食，应充分利用各种饲料来源。生猪对不同营养成分的需求不同，饲料中配有一定的青料，可提高饲料利用效率。饲料合理搭配有利于促进生猪的生长和育肥。刚入圈的仔猪需加以驯养，使其定点吃食、睡觉、排便。食槽放置位置应固定，喂食要定时、定量。日喂3次，鱼塘数量多、面积大时，建沼气池还应把养猪与沼液、沼渣、养鱼结合起来，充分发挥鱼、猪、气综合效益，节约能源，提高经济效益。

（三）日常管理

1. 调控水质

水质直接关系到鱼类生长状况，鱼猪联养的鱼塘，池水应以黄褐色为好，透明度保持 20~40 厘米为宜。平时水位稳定在 1.5~2.0 米，并要注重改善水质环境，定期加注新水，部分冲换池水，保持水的透明度在 20~25 厘米。

2. 施肥

生态养殖以肥水养鱼为主要目标，要充分培育天然饵料，积极施追肥，坚持少量多次，及时、均匀，池水达到"肥、活、爽"。施肥过量或猪粪在池底堆积会败坏水质，引起鱼缺氧"泛池"；施肥量不足或前后两次施肥时间相隔较长，会造成鱼塘中肥效青黄不接。

3. 巡塘

坚持每天在日出以前、中午、傍晚进行 3 次巡塘，主要观察池鱼有无浮头现象、白天吃食情况以及池塘溶解氧状况。

三、鱼、猪、禽疾病防治

应坚持"预防为主、防重于治"的方针，平时加强饲养管理，防治鱼及禽畜病，经常打扫、消毒猪、禽舍和运动场所，同时保证猪吃饱睡好。防治鱼病采取生物与药剂的综合防病措施，坚持每月用生石灰定期给池水消毒 1~2 次；对食台架常用漂白粉和硫酸铜与硫酸亚铁合剂挂袋消毒灭菌；在鱼病多发的 6—9 月，用食盐消毒青饵料，漂白粉消毒下池粪肥，药物拌饵等预防鱼病。

第八节 稻田混养虾、蟹

利用稻田虾、蟹生态混养采用一种生态种养生产模式，可以充分利用稻田内的水域资源为虾、蟹提供部分生物饵料，消除稻田虫害。同时稻田虾、蟹混养，虾、蟹的粪可肥田增产稻谷，提高稻田种养的综合经济产出率，显著提高经济效益。

一、稻田的选择与设施

稻田选择要求靠近水源、水质良好、无污染、排灌方便、田埂坚实不漏水、田底为黏土、保水力强，一般以自然田块连片面积 10~20 亩为好。养虾、蟹的稻田中开挖"井"字形蟹沟与四周环形蟹沟相连。蟹沟一般宽 0.5 米，深 0.8~1.0 米。同时视稻田面积的大小在田中间或一端挖几个 1.5~2.0 平方米的蟹沟，挖出的土都用于加高、加固田埂。沟溜面积应占稻田面积的 15%~30%。防逃设施采用油毛毡墙，具体做法是：在田埂上每隔 2 米打一木桩，将油毡竖着铺开，埋入土里 10~20 厘米，高出埂面 50~60 厘米，用铁丝将其固定在木桩上。进排水口要用 40 目筛绢过滤，防止虾、蟹随水逃走。

二、放养虾、蟹苗前的准备

1. 清田消毒

幼虾、幼蟹抗病虫害的能力很弱，极易被各种天敌动物吞食，因此，必须为虾、蟹苗提供一个无天敌动物的水环境。一般在3月底、4月初，排干田水，清除过多的淤泥，填好漏洞和裂缝。虾沟、蟹溜在放养前7~10天，每亩用生石灰50~75千克，加水溶化清沟消毒。

2. 施肥

稻田施肥应坚持以施基肥为主，追肥为辅；有机肥为主，化肥为辅。在稻田放养虾、蟹苗前用生石灰消毒1周后，每亩施350千克的有机肥作为基肥，然后再施无机肥。如每亩田施入碳酸氢铵100千克、复合肥20千克，再放入经堆沤发酵的猪、牛粪100千克，增肥培肥水质，以利于稻田中天然生物饵料生长繁殖。

3. 种植水草和投放活饵料

稻田消毒工作完成7天，待药性消失后，在沟、溜内种植虾藻（菹草）、轮叶黑藻或马来眼子菜等沉水性植物。水草栽植时，应冲洗干净后再种植，将水草的根插入沟、溜淤泥中，数量为布满沟、溜为宜，为虾、蟹提供良好的栖息与蜕壳场所，起到供饵、荫蔽和降温作用。同时每亩至少投放100千克螺蛳作为虾、蟹动物性饵料。然后进水，进水口要用60~80目尼龙筛绢过滤网滤去小型天敌动物，并及时清除各种过滤设施处的杂物，使进水系统水流畅通。

4. 栽插水稻

混养虾、蟹的稻田栽插水稻，品种应选择生长期长、耐肥力强、茎秆坚挺、抗倒伏、抗病虫害、产量高的优良稻种。4月下旬，开始插早稻秧，在靠蟹沟、蟹溜畦边要适当密植，这样既可为蟹沟高温季节遮阳，又弥补了沟、溜所用的部分稻田面积。

三、稻田混养虾、蟹

（一）虾、蟹苗的放养

青虾生长最适水温为 18~30℃，罗氏沼虾生长最适水温为 25~30℃，河蟹最适水温为 18~30℃。稻田放养虾、蟹苗宜在早稻返青后，每亩放规格为 5~10 克的幼蟹 2~3 千克、抱卵虾 0.2~0.25 千克。投放苗种后，平时保持稻田水深 0.1~0.2 米，沟、溜内保持 10~1.2 米水深。

（二）虾、蟹的饲养管理

1. 调控水质

稻田水域是水稻和水产品共同生活的环境。虾、蟹喜水质清新的环境，放养虾、蟹稻田中的沟、溜内要保持水质清新、溶解氧充足，水位过浅或过浓时要及时加注新水或换水，否则会影响蟹的蜕壳。一般每 10~15 天换水 1 次，每次换水量为 1/3；6 月每周换水 1 次，换水量为 1/4；7—8 月 2~3 天换水 1 次，每次换水量为 1/3，以 2 小时左右换完 1 次水为宜。换水时边排边灌，水位保持相对稳定。夏季高温要适当提高水位降温。此外，还要定期在沟、溜内施用厩肥、混合堆肥等有机肥，以保持水体"肥、活、嫩、爽"。

2. 投饵

稻田混养虾、蟹由于密度较大，仅靠稻田中的天然饵料不能满足其需要，应在充分利用水草和螺蛳的基础上，还必须坚持定时、定位、定质、定量投喂饵料。一般放养初期投喂煮烂的小鱼、小虾、螺蛳肉等；中期除投喂一定量动物性饵料外，还应增投些植物性饵料，如煮熟的小麦、玉米等，另外，还可喂些南瓜、红薯丝等促进河蟹生长的饵料；后期是蟹的营养积累阶段，应该投喂动物性饵料，以满足其生长发育需要。日投喂量按虾、蟹体重的 5% ~ 10%，每天投喂 2 次，但应根据天气、温度、水质变化以及吃食情况适当调整投喂量。上午 8 时投喂量占总量的 1/3，下午 6 时占 2/3。饵料要求新鲜、适口，忌投喂腐败变质的饵料。

3. 施肥

养殖期间，水稻田要少施化肥。当水稻确实需要追施化肥时，应选择晴天，每月施化肥 1 次，一般应以尿素、硫酸铵为主。提倡使用叶面施肥，注意千万不要将化肥直接撒在沟内，禁止用氯化铵、碳酸氢铵作追肥用。一般在上午 10 时左右施肥，夏季阴雨天少施或不施。

4. 施用农药

在早稻插秧前应用高效低毒农药对秧苗普施 1 次，以切断病原，力求插秧后不再施农药。应注意禁止施用剧毒农药，应选用乐果、敌百虫、叶虫散、稻瘟净等对河蟹毒性低的农药；并要准确掌握病虫害发生的时间和规律，对症下药；用药方法可采取分边隔日喷施。虾蟹投放前，应用 2.5% 食盐溶液浸泡 20 ~ 30 分钟，进池后养殖期间应每隔 10 天用 10 毫克/升生石灰溶液对水沟、溜内泼洒 1 次，另外在每千克饵料中添加 6 克土霉素。

5. 日常管理

晒田期间，把水面降至稻田田面露出水面即可，以便让空气进入土壤，阳光照射地面，起到杀菌增温的作用，以增强水稻根系的活力，从而达到晒田的目的。同时需要坚持每天早晚 2 次巡视养殖稻田，检查虾、蟹苗的活动情况，摄食情况是否正常；如发现有水蛇、水老鼠、水蜈蚣、青蛙、鸟类等天敌动物危害时，立即采取除害措施；同时要注意检查软壳蟹是否被同类残食，如有需采取保护措施；另外，要检查稻田养虾、蟹的防逃设施情况。

四、虾、蟹捕捞和水稻收获

虾、蟹经过在稻田水域环境中 3 个月的饲养，到 10 月已长大成商品虾、蟹，可以陆续起捕。捕捞时先适当降低水位，让虾、蟹集中到虾沟里，然后用密网在虾沟内拉捕数次。最后抽干虾沟，全部捕尽。这项工作应在水稻收割前 10 天结束。水稻一般在 10 月下旬收割。目前稻田养虾、蟹每亩产量水稻 500 千克，商品虾、蟹 30 千克左右。

第九节　鱼、鸭联养

利用鱼塘水下养鱼、水面养鸭，以鱼为主，鱼、鸭联养的生产方式，可以充分利用水域、鱼鸭互利。鱼鸭混养，鸭子在水面不停活动、嬉戏，能将空气搅入水中，提高塘水中溶解氧的含量，有利于鱼类的生长。同时鸭粪便中含有大量有机物，其中含粗蛋白 30%，用它喂鱼可节省大量饵料；鸭在混养鱼塘中摄食水中的病死鱼和危害鱼类的生物，如水蜈蚣等，还能清除鱼塘中青苔、藻类等，既可节省养鸭饲料、降低生产成本，又可防治疾病，从而达到鱼、鸭共养高产、优质、高效和增收的目的。

一、鱼塘和鸭场的选择与鸭舍建造

鱼鸭联养的池塘要求水源充足、水质良好、无污染、光照充足、交通便利。池塘长方形、东西走向，池底要平坦，略向排水口方向倾斜。面积 6 000~10 000 平方米，水深 0.8 米以上，池塘堤埂坡度平缓，利于雏鸭上岸觅食。旧鱼池如未达到水深要求的要适当挖深。在放养鱼、鸭前需在鱼塘坝埂上建造

鸭棚，防止雨天漏水、夏季中午遮阳。鸭棚面积为 120~140
平方米。鸭舍一般用红砖、水泥建造，坐北朝南，冬暖夏凉。
采用水泥地面或水泥预制板铺设地面便于冲洗；用竹箔或网片
作围栏，圈围住鸭棚前空闲的地方和部分池埂与池塘中部分水
面，作为鸭运动场。围栏在水中部分仅向水面上下延伸 40~50
厘米，便于鱼群从网底进入水面运动场觅食，而场内鸭也不会
潜水越过池底外逃。小型水库或湖泊的面积一般在 100~500
亩，水库有浅滩，在库边选用一块平地建造鸭舍。水深 1 米以
上的养鱼水域放养鸭。

二、鱼、鸭联养前的准备

放养前要搞好鱼塘的排灌系统，鱼塘中养鸭后，应控制好
水质，透明度在 25~35 厘米范围内。由于鸭粪易造成水质过
肥，容易使鱼感染疾病，或发生泛塘，因此，需向鱼塘中定期
冲注清水。如排灌系统不好，清水灌不上、肥水排不出，就会
影响鱼的正常生长。此外，鱼种放养前还要用 4% 食盐水和 10
毫克/升漂白粉溶液浸泡 10 分钟，鸭舍、鸭场用 20 克/平方米
漂白粉溶液泼洒消毒。

三、鱼类放养品种与密度

在鱼、鸭联养的池塘里浮游生物多，应以养殖肥水鱼为
主，多放养花鲢、白鲢、鲫鱼和罗非鱼，再放少量草鱼、鳊
鱼。鱼鸭联养一般饲养商品鱼或 2 龄鱼种，一般亩放养量是花
鲢 100 尾、白鲢 500 尾、鲫鱼 250 尾、罗非鱼 100 尾、草鱼和
鳊鱼合计 100~150 尾。此外在 6 月还可套养以花鲢、白鲢为
主的夏花 400~500 尾。

鱼、鸭联养池塘鸭的养殖量按鱼塘面积计算鸭最大饲养
量，一般每亩放养鸭 100~120 只，或按鸭棚和陆上运动场合

计面积计算鸭最大养殖量，每平方米容纳 4~5 只鸭为宜。

四、鱼、鸭联养管理

（一）鱼、鸭联养方式

1. 放牧式

鸭群散放于池塘或湖泊水面，傍晚赶回鸭棚。该放养方式适用于大水面养鱼塘，既可节省部分鸭饲料，又可增加鱼的产量。

2. 塘外养鸭

鱼池附近建鸭棚，并设置水泥活动场所、活动池，每天将活动场上的鸭粪集中管理，但不能充分发挥鱼、鸭共生互利的长处。

3. 鱼、鸭混养

在鱼池堤埂上建鸭棚，围一部分池埂作活动场，把鸭直接放养在鱼池上。这种方式最能发挥鱼、鸭共生互利的生态效应，是国内外常见的鱼、鸭综合生产方式。

4. 圈养鸭式

鸭子满鱼塘游，影响鱼类的正常生长。因此将鸭子圈养的生产方式，鸭圈面积不能超过鱼塘面积的 1/4。鸭子圈养后，既未影响鱼类的休息和正常生长，又可减少或避免水质过肥而导致鱼类浮头现象发生。

（二）投喂

鱼塘鱼、鸭联养初中期鱼塘中浮游生物量少，一些吃食性鱼类需要投饲。鱼饵料的投喂比一般鱼塘投饵量少，一般每40 只鸭或鹅排泄的粪便能喂 1 亩水面的鱼类，饲喂方法可用鲜禽粪播撒喂、或与鱼饵料混合喂。后期鱼群摄食量增加，投饲以饼类、糠类及青饵料。鱼类投喂时间安排在放鸭前 2 小时，投喂量要考虑到鸭残饵量的多少。同时观察鱼的摄食情况，随时调整。鸭料每天平均 120 克/只，分 3 次投喂。鸭饲料也要定量投喂，每天早晚在池埂活动场给鸭投饲，并供给清洁的饮水。如发现鸭粪中有未消化的营养物，应暂停投喂饲料，既可节省饲料，又可防止水质过肥。

（三）调控水质

鱼、鸭混养过程中，注意保持清新水质，水质要"肥、活、嫩、爽"。通过鸭的活动或必要时开增氧机，保持水体溶氧在 5 毫克/升以上，透明度在 30~35 厘米，pH 值为 7~8。如果水质透明度降低，就要及时冲注清水，一般每隔 7~10 天 1 次。在排灌水过程中和汛期应防逃。如果换水困难，可用生石灰 20~30 千克对水成浆泼洒全池，以改善水质。

（四）鱼、鸭联养管理

鱼、鸭联养成功与否，还决定于养鸭的一系列技术管理措施、饲料搭配与投喂、调节水质，池水要保持清新。鸭棚室内外环境卫生清洁，定期用硫酸铜溶液消毒地面运动场，用量为每次 6 克/平方米。鸭棚内要求温度、湿度、密度适宜。每天定时清扫鸭粪，要经常进行消毒，防止鸭病原传入水体，使鱼发生间接感染。夏季鸭排粪量大，一般在早晨赶鸭出棚拾蛋后将棚圈内鸭粪清扫。鸭粪经过发酵后，视水质肥瘦投入水中，每月泼洒 2 次，每次 300~500 千克/亩。水质过肥，要及时加注新水，并减少施用量。

五、鱼、鸭疾病防治

鱼、鸭联养池塘，塘水水质肥、偏酸性、病原体多，对池塘、尤其是鸭运动场和食台要定期消毒。预防鱼病可在鱼塘中每 10~15 天每亩水面用生石灰 15~20 千克对水泼洒。鸭病预防要搞好鸭场的环境卫生，制定鸭群的免疫程序，适时进行疫苗注射，14 日龄做禽流感免疫、30 日龄注射鸭瘟疫苗、75 日龄左右进行禽霍乱免疫。新购进的鸭群应隔离饲养 15~21 天后才能混群，以免带入疫病。鱼、鸭联养应加强饲养管理，经常巡视检查，观察鱼、鸭的采食活动情况，早期发现鱼、鸭疫病发生应及时隔离，并采取有效的治疗处理。

引起鸭病的原因很多，主要是管理不善。鸭病主要分为传染病、营养代谢病、中毒病、应激综合征和寄生虫病共五大类，尤其是传染病的危害较大。鸭一旦流行传染病，则有可能造成大批鸭只死亡，直接损害养鸭者的经济效益。如当前的禽流感严重地威胁着养鸭业的发展，再加上在鸭群中广泛流行的大肠杆菌病、鸭瘟（又名病毒性肠炎，俗称大头瘟及鸭疫里默杆菌等），都对养鸭业构成很大威胁。因此，必须贯彻预防为主、防治结合的原则。鸭群已经发生鸭病必须立即将病鸭赶离鸭场，妥善处置，采取早期诊治，最大限度地减少损失。

第十节　稻田混养鳝、鳅、牛蛙

稻田综合混养鳝、鳅、蛙等特种水产动物生态养殖和水稻种植结合的生态生产新模式，既能充分利用水体的物质循环，又能利用鱼、蛙吃掉稻田中多种害虫，同时鱼、蛙游动觅食时翻动泥土，使田土疏松，促进肥料分解，鱼、蛙的粪便直接肥田使稻谷增产。因此，稻田混养鳝、鳅、蛙生态种养生产方式投资少、见效快，可以收到理想的经济效益和生态效益。

一、稻田的选择与设施

混养黄鳝、泥鳅和食用蛙的稻田应选择靠近水源、水质良好无污染、排灌方便、保水力强、天旱不干、丘陵山区暴雨洪水不淹的稻田，适宜混养多种水产经济动物。如果是清澈低温的山溪水、冷泉水或常发生旱涝或水源有毒物的稻田，不宜用于混养水产动物。

混养鳝、鳅、牛蛙稻田一般以不超过 10 亩为宜，按前面讲述的要求将田埂加宽到 0.6~0.8 米，加固四周田埂。每块稻田沿田埂内侧开挖一条"口"字形水沟或"田"字形水沟，沟宽 2~3 米、深 0.8~1.2 米，并在田块中开挖若干椭圆形或"井"字形的小水沟，沟宽 0.5 米、深 0.6 米。混养动物的栖息和摄食的沟系开挖面积占稻田总面积的 10%~15%，且使沟与沟相通，将一块稻田分成若干小块，便于分别放养与管理。此外，稻田的四周设置围网等防逃设施。围网选用 80~120 目的塑料网片，每隔 1 米用 1 根木桩固定，高需达 1~1.2 米。此外，稻田进、排水口均需用铁丝网或尼龙网拦挡，以防鳝、鳅、牛蛙随水流逃逸。

二、稻田混养前的准备

（一）稻田沟、溜消毒

在鳝、鳅、牛蛙种苗投放前，需对鱼沟、溜进行消毒处理，每平方米水面用生石灰 200 克，以杀灭有害生物，7~10 天后放养鳝、鳅、牛蛙种苗。

（二）水稻栽植与施肥

稻田养殖鳝、鳅、牛蛙，田块宜选用耐肥力强、不易倒伏、抗病力强的高产单季稻品种。水稻栽植前，混养鳝、鳅、牛蛙的稻田要施足有机肥、饼肥等基肥，一般亩施畜禽厩肥 300~400 千克。6 月上旬，可适时栽植水稻，栽插时应以宽行窄距、东西行密植为主。

三、鳝、鳅、蛙种苗放养

投放的鳝、鳅、牛蛙的种苗要求体质健壮、规格整齐，大小规格不同的种苗应分块饲养，切勿大小规格放在同一个稻田混养。鳝、鳅、牛蛙种苗放养时间，宜在早春、稻田翻耕结束后至插秧前进行。早春的鳝、鳅、牛蛙种越冬后不久，体内需要摄取大量营养，食量大且食性杂，易驯化，同时早春放养其生长期长，产量也高。一般每亩投放每千克 50~60 条的鳝苗种约 10~25 千克，泥鳅苗种每亩投放 10 千克（每尾 15 克左右），每亩投放 7~10 厘米规格的大蝌蚪 1 000~1 500 尾。

四、鳝、鳅、蛙饲养管理

（一）调控水质

稻田混养鳝、鳅、牛蛙种苗要求水田内的水前期以水稻需要为主，中后期兼顾鳝、鳅、牛蛙需要。即早期稻田保持浅水位，水深 10 厘米左右，过浅要及时加水，夏季水温高，要求水深 20~30 厘米，到后期 10 月水温降低露田。养殖期间水质过肥，要定期换水和加水调节水质。

（二）投饵

鳝、鳅和牛蛙的食性都是偏食动物性饵料，主要在夜晚摄食。人工投喂饵料可用活体蚯蚓、小杂鱼、虾、切碎的动物内脏、牛蛙的配合饵料等。夏季夜晚间可在田沟、溜上方 15~20 厘米处悬挂一黑光灯诱虫供其捕食。每次投饵应坚持定时、定点、定质、定量，饵料投放在饵料台上，饵料台固定在小水池里，饵料台表面在水面下 3~5 厘米。每次投饵量的根据是：种苗放养前期稻田天然饵料相对较多，可以少投饵或不投饵，中后期随鳝、鳅、牛蛙体的长大，摄食增加，投饵量也随之增加。投喂饵料以 4~6 小时吃完为宜。投喂时间以上午 10 时和下午 4 时，1 日 2 次为宜。

（三）日常管理

水稻生长期需要加强田间管理。在追施无机肥时一般每次施尿素 5~10 千克/亩、磷肥 2~3 千克/亩。同时要求经常下田检查鳝、鳅、牛蛙的摄食和生长情况，及时调整饵料，并预防疾病发生。如水稻发生病虫害，尽量采取生物防治，如水稻病虫害严重需用农药时，要用高效低毒农药喷雾在稻叶上，切勿撒在沟溜中。为了防止鳝、鳅、牛蛙中毒，施药前先把鳝、鳅、牛蛙诱至沟池中安全水域。在日常管理中，每天巡田检查防逃设施有无破损，若发现围网破损，应及时修理。大风、暴雨天气，更要检查田埂，发现问题及时解决，防止鳝、鳅、牛蛙逃逸。同时应注意杀灭水蛇、田鼠等鳝、鳅、蛙的天敌动物。

五、鳝、鳅、蛙病虫害防治

鳝、鳅、蛙病防治主要采取定期使用生石灰等药物消毒方法，能达到较好的防治效果。

第十一节 稻田混养鱼、鳖

稻田种植水稻和养殖的鳖、鱼共生，水稻为鳖、鱼营造了一个活动、摄食的良好生态环境，而鳖、鱼在水体上下又不停地往返运动，不仅为稻田疏松土壤和捕捉害虫，同时调节了表层水与深层水的溶氧量，减少和避免"泛塘"。另外，鳖的残饵和粪便中的一部分能被杂食性鱼类，如鲤鱼、鲫鱼、罗非鱼直接利用，另一部分可以培肥水质，为水中的浮游生物生长和繁殖提供了养料，从而增加了滤食性鱼类，如鲢鱼、鳙鱼的饵料，能降低生产成本；而鱼类的粪便使水生浮游生物和底栖动物繁殖，又可促进鳖的饵料螺、蚬的生长。这样便形成了鱼、鳖食物链相互促进的新的生态平衡。同时，鳖的活动慢，可吞食部分行动迟缓的病鱼，减少了鱼病的传染机会。因此，稻田鱼、鳖混养，鳖、鱼生长发育快、繁殖率高，提高了经济效益和生态效益。

一、稻田的选择与设施

根据鳖的喜静怕惊、喜阳怕风、喜清怕脏的生活习性特点，应选择环境安静、背风向阳、水源充足、水质良好、不受污染、排灌方便、淤泥较少、松软土层、便于鳖的栖息与越冬的稻田，作为鱼、鳖混养的场所，面积以 0.5~1.5 亩为宜。

鱼、鳖混养稻田的田间工程设施必须营造一个适于鱼、鳖生活习性，促进其生长发育及繁殖的生活条件。在鱼、鳖混养的田间四周用 1.50 米长的竹片平行插入田埂内侧泥土中约 0.5 米，横向把竹片用铁钉固定在 1~2 道木板条上，使之紧密相靠，以免鳖从相邻竹片间隙中逃走（光滑竹片鳖无法攀爬）。在大田内挖"⊥"形鱼沟，把田块分成两部分，栽植建莲或其他水生作物以降温防暑。

清出的泥土用以加高加固田埂，使竹片排布牢固。同时要搞好进出水口防逃栅栏，还可防止鼠、蛇等天敌动物侵袭。

另外，还要根据鳖的喜静怕惊、喜阳怕风、喜清怕脏的生活习性，在田块一侧筑晒背沙滩（也可供产卵用）。同时，由于鳖生性极为怯懦，在田块另一侧中把饵料台倾斜固定，一端略高于水面，另一端稍低于水面，饵料可通过悬空桥投放在水面上。

二、稻田混养鱼鳖前的准备

（一）稻田沟、溜消毒

在鱼、鳖种苗投放前，每平方米水面用生石灰 200 克对鱼沟、溜进行消毒处理，以杀灭有害生物，7~10 天后放养鱼、鳖种苗。

（二）水稻的栽植与施足基肥

施肥不仅供给水稻生长需要的营养，而且为滤食性鱼类解决饵料问题，因此，放养前必须在稻田中一次性施足基肥。基肥以有机肥为主，并根据水质追施少量化肥和有机肥，以保证放养的鱼有充足的饵料。

三、鱼、鳖种苗的选择与放养

（一）种苗的选择与投放

稻田鱼、鳖混养应分清主次，是以鱼为主，还是以鳖为主，它们有不同的管理方法。这里说的是以鳖为主，以鱼为辅的混养投放方法。鳖投放的种苗主要有野生和人工养殖采购两种来源。野生鳖与家养鳖的主要区别是：野生鳖的躯体比家养鳖的躯体稍瘦而薄；野生鳖的体色茶褐色或橄榄绿色；而人工养殖鳖的躯体较肥满，且躯体较野生鳖厚，体色呈暗绿色、黄绿色或灰白色。由于鳖野生和栖息的水质、泥质等生境条件不同，鳖的体色也有所不同。人工养殖的鳖体肋下、颈部有污物，爪的前端较尖锐。无论投放野生鳖还是家养鳖的苗种，应检查选择体质健壮、外形完整、体色正常、皮肤光亮、裙边肥厚且坚挺、背甲后缘有皱纹、活动能力强的鳖种。将鳖仰放于地上，看能否立即翻身逃跑。用手扣住鳖后肢基部，看鳖的颈部是否伸得很长。用物体引诱鳖，将颈部拉出，看颈是否灵活无伤。有的用钩卡钓鳖而钩卡吞入肚中，检查时可将鳖放至水中，引诱其张口，观察是否有钩卡等异物。此外，还应检查鳖的腿部，要求伸缩灵活，四肢基部附近无针眼。为了提高鳖、鱼的成活率，放养鳖、鱼种苗宜放的比例为 1∶3 或 1∶4。商品鳖苗宜放养 150~250 克重的幼鳖，当年可以作为商品鳖上市，也可采取自繁自养稚、幼鳖放养。

鳖生长水温 20~33℃，最适水温 26~30℃。合理的放养密度和品种搭配是鳖、鱼混养互利互惠的前提。鳖的种苗放养密度应综合考虑水源条件，放养鳖种苗大小和饲养面积及管理水平等情况。一般 2 龄以上的鳖苗种，每亩可放养 300 只左右；在常温下自繁自养的鳖苗种，每亩可放养 600 只左右；若需要利用养鳖的稻田繁殖稚鳖，每亩可放养 50~60 只 6 龄亲鳖，雌雄比例按 2∶1 或 3∶2 投放。为了净化水质，需在养鳖稻田中放养少量大规格的不与鳖争食饵料的鱼种。

（二）混养鱼品种的选择与放养

鱼、鳖混养时，鱼的种类应挑选不与鳖争食的温水性非肉食性鱼类才适宜与鳖混养。一般认为鲢鱼、鳙鱼是混养的首选品种，既可充分利用水中的浮游生物，改善水质，又不与鳖争食。鲤鱼、鲫鱼、罗非鱼等可以充分利用残饵、鳖粪及有机碎屑，草鱼、鳊鱼等可吃水稻田中水生杂草。稻田混养时应根据水稻田的具体条件选择主养鱼类、搭配品种并确定鱼种放养量，如以鲢鱼为主，一般鲢鱼占 50%~60%，搭配品种草鱼、鳊鱼 20%，鳙鱼占 10%，鲤鱼、鲫鱼占 10%~20%。也有以鲢鱼和草鱼为主，再适当搭配杂食性鱼类，其比例鲢鱼占 40%~50%、草鱼占 30%~40%、罗非鱼占 20%~30%，也可适当放养少量鲤鱼。鱼、鳖混养应选择放养不与鳖争食或需吃人工饵料的鱼类，例如稻田中鳖鱼混养不宜养殖青鱼，因为青鱼吞食螺蛳，和鳖争食。

四、鱼、鳖饲养管理

（一）调控水质

鱼、鳖混养的稻田需要定期冲水、换水，保持水质清新，使池水透明度维持在 30 厘米左右。鱼沟、溜在 3—10 月水深保持 1 米左右，高温季节稻田水浅，耗氧又较多，凌晨前易缺氧，鱼类出现浮头，因此要灌入新水。要每隔 10～15 天测定田水的 pH 值，若水的 pH 值为 6～7，则亩用生石灰 10～15 千克可使水的 pH 值为 7.5～8.5。

（二）投饵

养鳖的饵料可选用虾、昆虫、水蚤、野杂鱼、蚯蚓、蝇蛆、蚕蛹、各种动物内脏以及屠宰下脚料等。在动物性饵料中搭配使用部分植物性饵料，才能获得良好的饲养效果。可将植物性饵料粉碎后掺入到动物性饵料中，制成营养全面的混合饲料，或购买投喂鳖专用的配合饵料。这些饵料蛋白质的含量高达 40% 左右，且氨基酸完全。投喂时应将饵料放置在固定的饵料台上，让鳖爬出水面摄食。因鳖夜间活动，每天下午日落前投喂 1 次，每次的投喂量一般为体重的 8%～10%。还应根据天气和水温的变化，若天气好，气温、水温在 30℃ 左右时还可适当多投饵料，而阴雨天，气温和水温为 14～20℃ 时摄食减少，可以适当少投饵料。鱼摄食时，鲢鱼、鳙鱼依靠肥水从水中摄取浮游生物，但由于鱼种数量多，必须针对养殖鱼品种投喂一部分饵料。如投喂青草主要为草食性鱼类提供饵料，投草量应根据鱼的摄食量而定，一般以投草后 3～4 小时吃完为适度。杂食性鱼类和其他鱼类除适当投喂水陆草以外，还需投喂玉米、麸皮、豆饼等植物性饵料或加工后的颗粒饵料，其日投量为鱼体重的 3%～5%，以 1～2 小时吃完为宜。饲喂时间为上午8~9时，下午3~4时。稻田鳖、鱼混养的鱼种应仔细挑选，以不与鳖争食的鱼为宜。

（三）日常管理

稻田鱼、鳖混养应加强稻田的管理，平时既要使水保持清新，又要维持水体适宜的肥度。根据水质情况，少量多施有机肥或化肥，无须追施大量的化肥。一般施用尿素每次每亩3~4千克，硫酸铵每次每亩7~8千克，磷酸钙每次每亩5~6千克，在水稻病虫害严重、需在水稻抽穗期使用农药时，选用高效低毒农药，且剂量要严格控制。在用药前加深田水至6~10厘米，并事先将鱼、鳖驱赶至鱼沟、溜底部。施药时，要选择晴天下午露水干后，喷嘴应向上，尽量减少药剂落入水中。混养鱼、鳖的稻田，禁止使用毒杀酚、五氯酚钠、呋喃丹等剧毒农药，以免造成鱼、鳖中毒死亡。在混养过程中，水稻需要晒田1次。晒田时不完全脱水，将鱼、鳖驱赶至鱼沟、溜内后，水位降至田面露出水面即可，且时间短。一旦发现鱼、鳖有异常反应，应立即灌水。

加强日常管理，夏天每天清晨，特别是闷热天气或要下大雨时需要巡田检查鱼吃食等活动情况。如水中氧气不足发现鱼有浮头现象，需要及时灌入新水。同时观察所投饵料是否被鳖、鱼吃完，若发现有剩余饵料，可扫入沟、溜中喂鱼。但剩余的霉烂变质饵料不能使用，以防鳖吃后生病。平时灌排水时，要坚持勤查防逃设施，以防鱼、鳖逃逸和天敌动物进入稻田食害鱼、鳖种苗。

五、鱼、鳖病害防治

由于稻田水域狭小、水位浅、养鱼容量小，而养鱼又容易受外界环境的各种因素影响，加之敌害；如果管理和操作不善，例如食料不足、水质恶化、水温激变、溶解氧含量不足、放养密度不当及稻田易受各种病原体的侵袭而致病。

鳖在天然生态条件下很少生病。由于鳖人工养殖过程中环境的改变，易引起应激反应，或捕捉、分养、运输以及水质、水温的管理不当、突变等多种因素，可诱发鳖病。鳖病的诱因多种多样，都是由病原体如细菌、真菌、病毒和寄生虫等传染、侵袭所致。

第十二节 稻田混养鳝、鳅

利用稻田养殖黄鳝、泥鳅是一种种养结合的生态养殖生产模式，稻、鳝、鳅混养共生互利，可以充分利用稻田水域资源，为黄鳝、泥鳅提供水生生物饵料和荫蔽的养殖场所，又可利用鳝、鳅在泥土中钻洞、穿行，翻动泥土，使田土疏松，促进肥料分解，鳝、鳅粪便为水稻增肥，促进水稻的生长。同时鳝、鳅在田水中捕食水稻害虫，可为水稻稻田除虫，有利于水稻增产，从而提高稻田种稻、养鱼的经济效益和生态效益。

一、混养鳝、鳅稻田的选择与设施

黄鳝、泥鳅混养的稻田应选择靠近无污染的水源，水质良好，进、排水方便的肥泥田。因为这类肥田鳝、鳅的食饵丰富，生长条件好。也可用现有的稻田改建防逃设施，面积大小不限，通常以1亩为宜。

稻田四周建造防逃设施，一般用石棉板或用砖砌80~100厘米高（埋入土层30厘米）的防逃墙，并用水泥勾缝，但造价高，且拆除不便，只适用于小面积稻田养殖用。若规划较大面积，可用宽幅120~150厘米的聚乙烯网片（40~60目）构筑80~100厘米高（埋入土层30厘米）的防逃网，效果也很好。稻田进、排水口均需用铁丝网或尼龙网拦挡，防止鳝、鳅苗逃逸和天敌生物入田侵害。

混养田间工程一般是在田的四周开挖"田"字形或"口"字形水沟，沟宽2~3米、沟深0.8~1.2米，沟土用于加宽田埂0.6~0.8米，并夯实。再在田中开挖若干椭圆形或"井"字形的小水沟，沟宽0.5米、深0.6米，以供鳝、鳅栖息。沟的开挖面积占稻田总面积的10%~15%，要求田中的沟与沟相通。为了便于分级放养和管理鳝、鳅苗，可用小埂将稻田分割成若干小块。此外，由于稻田中水位较浅，受日光照射和气温的影响，水温的变化幅度大，尤其是盛夏季节的烈日暴晒，稻田的水温高达39~40℃，极大地影响了鳝、鳅苗的正常生长，甚至导致死亡。因此，要在田埂上搭设遮阳棚，或在凼埂上种植藤瓜、豆类等植物，既能供鳝、鳅苗避暑降温，又可提高稻田的综合利用效益。

二、稻田混养前的准备

（一）稻田沟、溜消毒

鳝、鳅混养稻田在鳝、鳅种苗放养前，需对沟、溜每1平方米水面用生石灰200克进行消毒处理，以杀灭有害病菌，7~10天后放养鳝、鳅种苗。

（二）水稻栽植与施肥

水稻栽植前，稻田需施足基肥，宜用肥效长的畜禽厩肥、饼肥等有机肥料。一般1亩施畜禽粪肥300~400千克，新挖的田块可在进水后亩施茶粕20千克。稻田栽植的水稻应选用耐肥力强、抗病、抗倒伏、单产水平高的品种。6月中旬适时栽植水稻，采取宽行窄距、东西行和田埂内侧、沟旁的栽插要密植，发挥田边优势，每亩1.5万株左右为宜。

三、鳝、鳅种苗的选择与放养

黄鳝、泥鳅种苗可采用设篓诱捕野生的天然苗，或人工繁育的人工育苗。如从外地进种，运输时间越短越好，以保证苗种成活率。放养时，要选放体质健壮、无病、无伤、规格大小基本一致的个体，以免互相残食，如鳝、鳅大小不一致，要分田块放养。黄鳝生长最适水温 23~25℃，泥鳅生长最适水温 15~30℃，稻田混养鳝、鳅放养时间一般在秧苗移植后 10 天左右进行，也可提前在稻田翻耕结束后至插秧前进行。泥鳅种苗的放养可分次投放，鳝种和鳅种的放养比例为 1：（3~4）。放养密度以亩放种苗 100 千克左右为宜，如稻田生态环境好，稻田除混养鳝、鳅以外，还可以适当套放少量银鲫和鲤鱼、夏花，或适当增加投放量。鳝、鳅种苗入田前需用 3% 食盐水或用（10~15）×10^{-6} 浓度的高锰酸钾溶液浸浴 8~10 分钟，并挑出受伤或体弱种苗单独暂养后再投放，这样可以有效预防体表疾病的发生。

四、鳝、鳅稻田混养管理

（一）调控水质

稻田水域是水稻和混养鳝、鳅的共生场所。由于稻田水较浅，高温下有机肥和残饵腐烂发臭影响水质，因此要求稻田的水质清新无污染、肥而不瘦、爽而不老、活而不死，具有高溶氧和丰富的浮游生物，以便鳝、鳅鱼加快生长。田水的水质管理主要根据水稻的生长需要，并兼顾鳝、鳅的生活习性，采取前期稻田保持浅水位，稻田水深保持 6~10 厘米，至水稻拔节孕穗之前，轻微晒田 1 次。夏季高温保持水深 20~30 厘米，后期 10 月水温降低时露田。晒田期间鱼沟、鱼溜中水深应保持 15~20 厘米。在养殖期间要定时换水，过浅要加注新水，调节水质。一般 3—5 月和 10 月以后，每周换 1 次水；6—9 月时 2~3 天换 1 次水，还可以起到降温作用。

（二）投饵

鳝、鳅属于杂食性鱼类，非常爱吃动物性饵料，食量虽不大，但为了缩短生产期，提高其产量，仅靠吞食稻田里的昆虫和田中的天然饵料是不够的，必须补喂饵料。以投喂蚯蚓、小杂鱼、动物内脏、蚕蛹、猪血粉和瓜果皮等为主，适当搭配一些麦麸、米糠、饼粕、鱼粉、豆渣等。如连喂 1 周单一的高蛋白饵料，会导致泥鳅在稻田某一处群集，而引起肠呼吸次数激增，由于肠吸入的空气无法排出体外，导致泥鳅浮出水面，还会相互摩擦受伤，感染病害，造成死亡。投饵一般在放养鳝、鳅种苗后 2~3 天进行。投喂时将大块的饵料切碎，定时放在某一固定位置的投饵台上，养成鳝、鳅鱼进台的摄食习性。投食应根据鳝、鳅鱼昼伏夜出的觅食生活习性，投饵宜在 16~18 时进行，一般每日投饵 1 次。投饵的量要随其生长情况和生殖期适时调整，一般控制在田内鳝、鳅总体重的 5%~8%。干饵投量为鳝、鳅总体重的 3%~4%。在适宜水温 10~35℃ 时，鳝、鳅生长盛期和其生殖期食量最大，可适当增加饵料，但饵料不宜投喂过多，防止鳝、鳅贪食而胀死。在阴天、闷热天，雷雨前后或水温高于 35℃ 时，鳝、鳅的食量减少，残饵在高温下容易腐败而影响水质。当 11 月下旬水温降到 10℃ 以下，应停止投饵。

（三）鳝、鳅与水稻的日常管理

稻田混养鳝、鳅种苗的日常管理应坚持巡田，检查稻田的水质变化情况。当发现水色变黑、过浓或水温超过 30℃ 时应及时加注新水，以调节和改善水温和水质，增加水中的溶氧。田水深度应保持在 6 厘米左右，要求做到春秋浅灌、盛夏深灌。

水稻生长过程需要追施肥料。追肥应以无机肥料为主，一般每次施尿素 4~5 千克/亩或硫酸铵 7.5~10 千克/亩、磷肥 2~3 千克/亩。为了预防鳝、鳅病害，定期外用消毒杀菌和杀虫等药物，如土霉素或用大蒜素等。严禁使用毒杀酚、五氯酚钠、呋喃丹等剧毒农药。水稻发生病虫害要用生物防治法防治，必须施用农药时，需用高效低毒农药，并严格控制用量。用药前首先把鳝、鳅诱至沟、溜内安全水域，然后喷药至稻叶上，喷嘴应向上，尽量减少药剂落入水中，用药后还要及时换水。此外，巡田时应注意检查田埂及排、灌水口的防逃设施，如有损坏应及时修复，防止鳝、鳅种苗逃逸或天敌动物侵入田内危害。同时还应经常下田检查观察鳝、鳅种苗的摄食动态和生长发育情况，发现有病鱼应及时施药防治。一般用磺胺噻唑 0.5 克与饵料掺拌投喂，每天 1 次，连喂 5~7 天。

五、鳝、鳅的捕捞

放养体重 25~50 克的鳝种苗，一般经 1~2 年的稻田养殖即可长成 150 克以上的个体，稻田养鳅种苗尾重 10 克左右的鳅种，当年即可长成 30 克以上的个体。在养殖过程中，可根据市场的需求，"捕大留小，分期分批上市"。稻田鳝、鳅混养捕捞上市一般安排在 9 月中旬前，用捕鳝、鳅的笼具装诱饵在水中捕捞上市，或用网箱、水泥池暂养囤存后上市。通常在水稻收割后可将田水放干，使鳝、鳅聚集于鱼沟、溜之中，用拉网捞起。由于泥鳅常潜伏在泥中生活，1 次捕尽比较困难，可采取先放干水，待泥土能挖成块时，从稻田的一角翻动泥土，将鳝、鳅翻出彻底捕捉的方法。在翻动泥土时一定要尽量避免鳝、鳅身体受伤，以免降低其商品价值。

第四章　水产品保鲜加工技术

第一节　水产品贮藏与保鲜

一、水产品的保鲜方法有哪些

目前，应用于水产品的保鲜技术，主要有低温保鲜、化学保鲜、辐照保鲜、气调保鲜、酶法保鲜等。除此之外，还有加入盐、糖、酸及利用熏烟产生的化学物质，或通过脱水来保持水产品品质的措施，即在水产品中常见的盐腌、醋渍、烟熏和干制等保藏方法。

其中最常用的方法是低温贮藏保鲜。盐腌、醋渍、烟熏和干制等保藏方法也是农民朋友常用的方法。

二、水产品低温贮藏保鲜方法

水产品具有易腐败的特性，要对其适当地贮藏保鲜，保持或尽量保持其原有鲜度品质。主要的低温贮藏保鲜方法如下。

（一）冷却保鲜

可较好地保持水产品鲜活状态时的质构和风味，但贮藏期短，大部分只有 1~2 周。常用的水产品冷却保鲜方法主要包括冰冷却法、冷海水或冷盐水冷却法和空气冷却法。

（1）冰冷却法。可使水产品迅速冷却。

（2）冷海水冷却法。采用-1~0℃的冷海水浸渍或喷淋渔获物。

（3）空气冷却法。一般在温度-1~0℃的冷却间内进行。

（二）微冻保鲜

微冻保鲜是将温度降低到-3~-2℃下对水产品进行保藏，鱼类在-2~-1℃保藏比在0℃下约可延长7天，微冻保鲜一般能达20~27天。

（三）冷冻保鲜

对于冻结的水产品来说，冻藏温度越低，品质保持也越好，贮藏期也越长，贮藏期可达数月至一年以上。在冻藏温度-18℃、-25℃、-30℃情况下，少脂鱼类相应的实用贮藏期分别为8、18、24个月，多脂鱼分别为4、8、12个月。随着时间的增加，水产品会产生蛋白质变性、脂肪氧化、解冻后汁液流失、肉质损伤、风味劣化等现象，使其逐渐失去生鲜品的良好口感和风味。

三、烟熏水产品主要品种及加工工艺

烟熏水产品主要有冷熏、温熏，全鱼、去头和背肉熏制等产品。熏制品的生产一般要经过原料处理、盐渍、脱盐、风干、熏干等过程。通常选用鲑鱼、鳟鱼、鲱鱼、鳕鱼、秋刀鱼、沙丁鱼、鲐鱼、贝类和头足类等原料，经前处理后，进入烟熏室熏干。

（1）红鲑的棒熏加工工艺。原料处理→盐渍→修整→脱盐→风干→熏干→罨蒸→包装→冷藏。

（2）调味烟熏乌贼加工工艺。原料处理→去皮→洗净→调味→熏制→切丝→二次调味→包装→制品。

四、海藻加工品主要品种

我国早在2 000年前就有食用海藻的记载。日常食用的海

藻主要是大型海藻如海带、裙带菜、紫菜、羊栖菜等。

海带是我国资源最丰富的海藻。国内外有 40 多种海带加工品，包括淡干海带、调味海带丝、海带粉、海带挂面、海带面包、海带营养豆腐、海带速溶茶、海带肉卷等产品。

紫菜味道鲜美，我国紫菜主要经济种类有甘紫菜、条斑紫菜和坛紫菜。作为紫菜食品的加工，主要有淡干紫菜、调味紫菜、烤紫菜、紫菜汁、紫菜酱等产品。

第二节 水产加工技术

一、鱼糜加工技术

鱼糜是我国的传统产品，在我国烹饪史上相传已久，后来传到日本并得到了迅速发展。鱼糜是将鱼肉经采肉、漂洗、脱水、精滤、混合、成品、冷藏等工序而制成的肌原纤维蛋白，是用于各种鱼糜制品生产的半成品，鱼糜只能作为冷冻原料保存几天，并且因为冷冻的原因通常由于肌肉蛋白质的降解而诱导蛋白质变性，导致鱼糜变质。1960 年抗冻剂的发现，解决了原料鱼肉蛋白质的变性问题，同时为冷冻鱼糜的生产提供了可能。2005 年我国鱼糜加工总量为 446 340 吨，占水产品加工总量的 3.73%，2015 年我国鱼糜加工总量为 1454 220 吨，占水产品加工总量的 6.95%，比 2005 年增长了 2.3 倍。

近年来淡水鱼糜加工研究取得了一些新的进展，建立了淡水鱼糜生物发酵工艺与技术，开发了一种具有良好风味和感官品质的淡水发酵鱼糜。建立了利用生物酶法交联、专用多糖凝胶增强作用及猪血浆蛋白凝胶增强技术。建立了鱼肉猪肉复合凝胶制品生产技术。以淡水鱼糜为原料，利用重组配方、杀菌等技术开发了多种口味、多种风味、多种形式的具有较长保质期的即食风味鱼豆腐食品。建立了鱼面品质改良技术，开发了幼儿营养鱼面等产品。利用重组、速冻、品质改良等技术开发了速冻生鲜鱼肉包子等。

二、干制品加工

水产品的干制加工是指采用干燥的方法除去鱼类等水产品中的水分，以防止腐败变质的加工方法。干制过程中主要的物理变化为体积缩小、表面硬化、多空性等。化学变化主要表现在单位质量营养成分含量相对增加，部分营养成分损失，风味有一定比例的下降，色泽发生改变。干制的方法主要有晒干与风干，热风干制、冷风干制、冷冻干制、辐射干制（红外线和微波）。典型干制品主要有鱼类盐干制品、鱼类淡干制品、鱼肉松等。

三、罐藏制品加工

罐藏水产品加工就是将处理过的水产品，经密封杀菌，使罐内食品与外界隔绝，同时杀死罐内大部分微生物并使酶失活，消除引起食品变质的主要原因，使之能在常温下储存。一般罐藏容器分为三种，即金属罐、玻璃罐和塑料包装。根据不同的罐藏容器，水产罐头加工工艺也有所差异。

四、腌熏加工

（一）腌制加工

腌制通常是指用盐或者盐溶液、糖或者糖溶液对水产品进行处理以增加风味，稳定颜色，达到保存的目的。食盐腌制是最为常用的方法。腌制一般包含盐渍和成熟两个过程。盐渍的过程就是食盐不断向鱼体进入的过程，随着鱼体内食盐含量逐渐增加，水分含量减少，在一定程度上抑制了细菌的活动和酶的作用。成熟是一种生物化学过程,蛋白质在酶的作用下分解为短肽、游离氨基酸和胺等。部分脂肪分解为小分子挥发性醛类物质,具有一定的芳香性,因此多脂鱼经过腌制后风味通常优于少脂鱼。对腌制品质量的影响因素主要有微生物引起的腐败、脂肪的氧化、肌肉组织变化、蛋白质和氨基酸等肌肉成分的溶出。

腌制通常采用晒制盐、蒸发盐、岩盐等,盐渍的方法有干盐渍法、盐水渍法和混合盐渍法。一般盐的浓度保持饱和溶液状态(26%),盐渍过程中随着水分的渗出,会稀释盐溶液。因此盐渍过程中要补充盐分以维持盐的浓度。盐渍的温度升高可缩短盐渍时间,同时会加快微生物和酶的作用,容易导致鱼品变质,因此除了小型鱼类等食盐容易渗透,并在短时间内可以完成盐渍过程的原料外,一般不倾向在高温下进行盐渍。多脂鱼和肉层厚的鱼类通常在5~7℃下进行盐渍。新鲜水产品用盐量最高不宜超过原料重的32%~35%,成品的含盐量以10%~14%为宜。

(二)熏制加工

熏制是一种传统的食品加工和保藏方法,通常与腌制结合在一起进行,在一定温度下加工原料与熏烟接触,同时进行干燥,将制品的水分降至所需要的含量,并使其具有独特的烟熏风味和色泽,提高制品的保藏性能。烟熏赋予制品烟熏味及独特风味,吸附抗菌物质防止腐败变质,加热和干燥作用抑制细菌活动和酶活性,形成特有的色泽,在制品表面形成保护膜,延长保质期。

熏烟是由植物性材料缓慢燃烧或者不完全氧化时产生的水蒸气、气体、树脂和微粒固体的混合物。熏烟的成分因熏材种类、燃烧温度、发烟条件等多种因素的变化而有所不同,熏烟成分的附着与熏制品原料性质、干湿程度、温度高低等因素都有关系。已有 200 多种化合物被分离出来，在风味方面起作用的主要有醛、酯、酚类等，特别是愈创木酚和 4-甲基愈创木酚；在色泽方面起作用的有羰基化合物与蛋白质或者其他含氮物中的游离氨基发生的美拉德反应，一氧化氮血色原形成稳定的颜色以及脂肪外渗形成的色泽等。

　　熏制方法主要有五种：冷熏法，温度 15~30℃，时间 1~3 周；温熏法，30~80℃，时间 3~8 小时；热熏法，温度 120~140℃，时间 2~4 小时；电熏法，1 万~2 万伏高压直流或者交流电，进行电晕放电，带电的熏烟有效渗入，达到烟熏效果；液熏法，将熏烟加以浓缩，形成熏液，直接加热熏液代替木材，或者将熏液涂抹到鱼体上进行熏制。另外也有速熏法，就是将熏烟的有效成分溶解于水中，进行浸渍或者喷洒在原料鱼上，再短时间熏干即可。

参考文献

史进录，尤汉宏.2011.水产品养殖与病害防治［M］.银川：阳光出版社.

王修勇，王罕.2016.名优水产品养殖新技术［M］.昆明：云南科技出版社.

魏志宇.2010.放心水产品养殖关键技术［M］.武汉：湖北科学技术出版社.

杨品红，王文彬.2017.水产品标准化健康养殖技术［M］.成都：电子科技大学出版社.